未来道德

FUTURE MORALITY

来自新科技的挑战

〔英〕大卫·埃德蒙兹（David Edmonds）编著

蒋兰 译

中国科学技术出版社

·北 京·

北京市版权局著作权合同登记　图字：01-2022-5973。

图书在版编目（CIP）数据

未来道德：来自新科技的挑战 /（英）大卫·埃德蒙兹编著；蒋兰译 . — 北京：中国科学技术出版社，2023.1
书名原文：Future Morality
ISBN 978-7-5046-9856-8

Ⅰ . ①未… Ⅱ . ①大… ②蒋… Ⅲ . ①技术伦理学 Ⅳ . ① B82-057

中国版本图书馆 CIP 数据核字（2022）第 203412 号

策划编辑	刘　畅　刘颖洁	责任编辑	刘　畅
封面设计	今亮后声　郭维维	版式设计	蚂蚁设计
责任校对	邓雪梅	责任印制	李晓霖

出　　版	中国科学技术出版社
发　　行	中国科学技术出版社有限公司发行部
地　　址	北京市海淀区中关村南大街 16 号
邮　　编	100081
发行电话	010-62173865
传　　真	010-62173081
网　　址	http://www.cspbooks.com.cn

开　　本	880mm×1230mm　1/32
字　　数	210 千字
印　　张	11
版　　次	2023 年 1 月第 1 版
印　　次	2023 年 1 月第 1 次印刷
印　　刷	北京盛通印刷股份有限公司
书　　号	ISBN 978-7-5046-9856-8/B · 115
定　　价	79.00 元

序

现今，科学、医学和技术突破屡见不鲜，有些还未实现的突破也将会到来，即便现在还没有。因此，我们可以预言，人类将面临许多新的伦理问题，即便目前为时尚早。

我一直对这种话题很感兴趣。并且，我一直怀疑人类能否依赖自身的直觉力应对种种道德困境。举一个例子：1978年7月25日，人类史上首个试管婴儿路易丝·乔伊·布朗（Louise Joy Brown）出生。当时，首创试管授精技术的科学家受到了来自医疗机构和教会的猛烈抨击。布朗一家也收到了潮水般的恶意信件。但自那以后，数百万的试管婴儿相继诞生，而试管授精技术在大部分社群中的争议声也消失殆尽。当年试管婴儿曾经引起的争议现在看来令人诧异。

针对目前这些伦理困境的哲理性思考，有助于我们弄明白到底应该欢迎哪些发展，担忧哪些发展。而在某些领域，我们现在就可以采取措施，防患于未然。

　　这本书尝试捕捉瞬息万变的世界面临的一些伦理问题。我主观地将这些问题分为"未来的人""未来的生活""未来的机器""未来的交流""未来的身体"和"未来的死亡"几个主题。虽然这种分类不能系统全面地概括未来所有的伦理困境，但是我希望它是一份有价值的参考。

　　这本书囊括了诸多问题，例如：我们是否应该寻找肉的替代品？未来的社会关系，尤其是友情，是否会与现在的截然不同？人工智能在未来能否帮助我们识别罪犯？人工智能在未来能否替代人类医生？

　　书中的一章探讨如何能使"劝诱技术"——该技术具备说服我们改变原有态度和行为的能力——为我们服务，不违抗我们的意志。还有一章则探讨用以应对在网络世界四处扩散的谣言和阴谋论的措施。

　　将来，我们可能具备读心术。我们可能制造出人造子宫。我们可能改造人类和牲畜的基因以提升抗病能力。科技进步似乎预示着人类生活的进步与改善，但是，它会带来负面影响吗？

　　书中还有一个部分涉及死亡的话题。现在，科技可以在某种程度上延长我们身体机能的运转时间。事实上，新技术已经迫使我们不得不重新思考死亡是什么，生命的价值又是什么。在规避死亡的路上，我们究竟要走多远？与人体冷冻相关的一章则探讨了以下问题：我们是否有必要冷冻身体，以便在未来某天复活。此外，本书还探讨了究竟应该着眼于人类的未来，还是关注"后人类"的未来。

在莎士比亚的戏剧《裘力斯·恺撒》（*Julius Caesar*）中，罗马贵族凯歇斯（Cassius）向勃鲁托斯（Brutus）说道："主宰命运的不是天上的星辰，而是我们自己。"同样的想法是创作此书背后的动因。我们应当认识到，人类的历史是一部科技发展史，探索和创新在持续进行，并且几乎可以肯定，速度之快在地球的历史上前所未有。我们有塑造未来的能力，如果我们能越早做出更有眼光的决定，未来的可塑性就越强。

我现在是牛津大学乌希罗应用伦理学中心（The Uehiro Centre for Practical Ethics）的特聘研究员。该中心专门研究未来道德哲学。本书的大部分供稿人都与该中心有关。我要感谢他们中的每一个人：哈赞姆（Hazem）、布里奇特（Bridget）、露丝（Ruth）、安妮（Anne）、布莱恩（Brian）、丽贝卡（Rebecca）、埃丽卡（Erica）、谢默斯（Seumas）、安吉利基（Angeliki）、萨鲁拉（Xaroula）、约翰（John）、杰西（Jess）、卡丽莎（Carissa）、詹姆斯（James）、史蒂夫（Steve）、史蒂芬（Stephen）、朱利安（Julian）、加布里埃尔（Gabriel）、汤姆（Tom）、多米尼克（Dominic）、莉迪娅（Lydia）、阿尔贝托（Alberto）、特丝（Tess）、凯蒂安（Katrien）、乔尼（Jonny）、麦肯齐（Mackenzie）、弗朗西丝卡（Francesca）和安德斯（Anders）。他们容忍了我的唠叨和喋喋不休，他们和我一起创作了这本好书。

我要特别感谢乌希罗中心的主任朱利安·萨武列斯库（Julian Savulescu），感谢他对这个项目的支持。我也要感谢这些为中心的正常运转而努力工作的人们：雷切尔·加米尼拉廷（Rachel Gaminiratne）、利兹·桑德斯（Liz Sanders）、黛博拉·希恩（Deborah Sheehan）、罗奇·威尔金森（Rocci Wilkinson）和米里亚姆·伍德（Miriam Wood）。

我还要感谢牛津大学出版社团队：珍妮·金（Jenny King）、牛津大学出版社编辑马丁·诺布尔（Martin Noble），以及牛津大学哲学系主任彼得·蒙奇洛夫（Peter Momtchiloff）。我已经为他编辑了许多本书，他一直是个冷静和善的人。

我还要像往常一样感谢不知疲倦、无私奉献的校对员兼润色员汉娜·埃德蒙兹（Hannah Edmonds）。最后，我要一如既往地感谢我的家人：利兹（Liz）、索尔（Saul）和艾萨克（Isaac），感谢他们陪伴我度过了2020年那些在隔离中构思创作的日子。

目录　　　　　　　　　　　　　　　CONTENTS

第一部分　　　第1章　未来的伦理

未来的人　　　　　　　与当下的伦理会有所不同吗　003

Part One　　　　第2章　未来人类的健康价值几何　017

Future People　　第3章　肉类替代品能否让世界大不同　031

第二部分　　　第4章　人类会被读脑技术操控吗　047

未来的身体　　第5章　爱情药物会使感情更廉价吗　060

Part Two　　　　第6章　未来科技可以抑制潜在犯罪行为吗　077

Future Bodies　　第7章　人造子宫会让女性

　　　　　　　　　　　　在堕胎时心安理得吗　090

　　　　　　　　第8章　基因免疫是未来"疫苗"吗　103

　　　　　　　　第9章　基因组编辑技术符合动物伦理吗　119

　　　　　　　　第10章　大脑刺激会改变自我认同吗　132

第三部分

未来的死亡

Part Three
Future Death

第11章　我们在未来如何定义死亡　147

第12章　我们应该为了在未来复活

而冷冻自己的躯体吗　163

第13章　我们会变成"超人"吗　175

第四部分

未来的生活

Part Four
Future Lives

第14章　性别差异在未来会消失吗　191

第15章　未来的人类还会珍视友谊吗　215

第16章　虚拟化身会颠覆现有身份认同吗　230

第五部分

未来的机器

Part Five
Future Machines

第17章　治安预防与权益保护孰轻孰重　245

第18章　人工智能可以代替医生吗　258

第19章　将机器人"绳之以法"很愚蠢吗　271

第20章　可以完全依赖

人工智能进行决策吗　284

第21章　无人驾驶"不道德"吗　295

第六部分

未来的交流

Part Six
Future
Communication

第22章　未来还有隐私吗　309

第23章　劝诱技术会让人类失去自我吗　321

第24章　人们为何相信阴谋论　335

第一部分

未来的人

Part One

Future People

第1章　未来的伦理与当下的伦理会有所不同吗

哈赞姆·佐尼（Hazem Zohny）

这本书合乎道德吗？

当然，这不是说一本书会像一个人一样出现品行道德方面的问题，而是探讨我们投入在本书中的时间和精力是否值得，因为我们宝贵的时间和精力本可以另有他用。无论如何，未来都是不确定的，而当下却有紧迫的问题。难道伦理学家不应该主要关注眼前的问题吗？

让我们试着用这段话解释一下：

伦理学家是一种稀缺资源。而当下，人们正被各种伦理问题所困扰。最富有的1%的人口拥有世界财富的一半以上；每年数十万儿童死于营养不良；几百万人过着被奴役和强制劳动的生活。此外，未来是不可知的，尽管像人工智能、人体冷冻、基因编辑、读脑设备等新技术风起云涌，其影响却不可预知。所以，伦理学家应该关注当下，而非假设未来。

我们可以把这种观点的支持者叫作当下主义者。作为回应，被我们叫作未来主义者的人们可能会反驳说：

实际上，伦理学家并不是稀缺资源（不像脑部外科医生那样稀缺）——伦理几乎人人可谈。而且，像贫富不均这样的当今问题属于政治范畴，而非伦理问题。最终，如果人们不能预见未来的伦理问题，那么未来就会远逊于现在。因此，伦理学家应关注未来。

谁是对的：当下主义者还是未来主义者？毫无例外，结论是两者各有道理。但是，我认为还要为当下主义者多说几句。这本书与那些被未来的远景吸引而忽略当下的伦理学家一样，有点儿不道德，因为它过多关注未来。实际上，分配的公平或者资源配置的公平与伦理学家关注的问题息息相关。而伦理学家，特别是把理论和原则应用于具体情景的应用学派，过于关注新兴和未来技术带来的希望和风险。

具体来说，应用伦理学家埋头研究人工智能、基因编辑、脑机接口、纳米等新技术背后的科学问题，而忽略了探讨经济学理论、经济政策带来的价值观冲突和选择困境。为什么研究科技伦理问题要与经济学挂钩呢？因为经济学研究的是生产、分配。这会从根本上影响所有产品的伦理价值，包括科技产品。所以，伦理学家对经济学漠不关心就有些讽刺意味了。

这个关于伦理学家如何分配时间和精力的结论仅凭经验得出，还没有研究对其加以验证。但是，在写作本章时笔者可以轻易查到的数据显示：在谷歌学术上搜索"人类优化"得到的380万个结果中，最相关的文章都是应用伦理学家写的；而搜索"伦理经济学"后所得到的310万个结果几乎都与应用伦理学家毫无关联。"人类优化"这一词条与应用伦理学家的关联度大大高于"贫困伦理学"（170万个）、"可预防疾病伦理学"（10万个）、"歧视"（230万个），甚至也高于"堕胎"（46万个）。即便是像"伦理强化"（46万个）这类分话题的搜索结果与应用伦理学家的关联度，也显著高于"可预防疾病"。

当然，这项谷歌学术调研的目的不是妨碍学术研究。而且我们也不应该对这些数字过度解读，因为应用伦理学家和其他专家之间并没有一个清晰的分界线。然而，这些数字确实显示了研究具体伦理问题的学者们过于关注未来。

而这本书是这一趋势的又一个证明。

这一趋势背后的原因是多方面的，有些显而易见：比如，讨论技术是否可以强化我们的道德秉性这个话题比讨论世界上的可预防疾病要有趣得多。另一个原因是：说到经济问题，应用伦理学家就把经济伦理学抛给经济学家或政治哲学家，任由其中持不同观点的人用宏大抽象的原理和假设来对像国家应扮演何种角色这样的问题争论不休。这就类似于把新兴技术带来的伦理问题抛给科学家、历史学家或是哲学家。这很不公平，而且很少人能察觉到。

伦理学家的稀缺性

说到这里，我们好像跑题了。让我们回顾未来主义者的反驳：伦理学家并不是一种稀缺资源。大多数心智正常的成年人都能理智地分析伦理问题，并且终其一生不断这样做。浏览一下社交媒体，我们会发现人们对各自的道德立场都振振有词。反观有些问题，比如脑肿瘤切除，则应者寥寥无几。如果有些人不是脑外科医生，却对亲属即将要做的脑部手术发表意见，我们会立马让他们闭嘴。而如果他们在吃晚饭时解释为什么选择素食，我们通常会耐心听下去——除非他们是因为被激怒才加以解释。

反过来说，一位训练有素的伦理学家应该比一般人更擅

长维护某种道德立场或是提出一个伦理命题。他们更有可能
花时间了解与伦理问题相关的实际背景，发现隐含的前提，
或者对一些直觉提出合理的质疑。更关键的是，伦理学家受
过训练，会基于大多数理性的人认同的假设提出观点，而不
是像一些故弄玄虚的、宗教式的或是其他毫无根据的假说
那样。

最终，可以落实到一点：能以伦理学家身份获得收入的
人相对稀缺。"伦理学家"这个职位相当稀缺，不信就问问
想在大学哲学系任教的人吧！如果只有极少数人可以拿着工
资来思考和解决伦理问题，那么就需要考虑一下他们的时间
和精力该如何分配。因此，我们要问问，他们如此专注于对
未来的研究是否是对这一稀缺职位的善用。

当下主义者的第一个论点是对的：伦理学家是一种稀缺
资源。在这场当下主义者与未来主义者的辩论赛中，前者先
得1分：当下主义者1分；未来主义者0分。

当下的问题

当下主义者的第二个论点是现在的世界被各种问题困
扰。真的是这样吗？政治和经济体制的问题也是一个伦理问

题吗？也就是说，这些问题的产生要归咎于人们对于如何合理解决问题的伦理观点不同吗？还是说这些失败仅仅源于支持这些道义路线的政治决策者人数不足呢？换句话说，这些是伦理问题还是"政治意愿"问题？

人们很容易就会站在未来主义者一边，同意目前大多数棘手的问题都是政治问题而非伦理问题的观点。大多数伦理学家可能会同意：目前财富过于集中的现象当然在伦理上是说不过去的；那么多人还营养不良，而每年超过十亿吨食物被白白浪费掉当然是不道德的；奴役和强迫劳动当然是不可接受的，要被禁止的。此处并没有伦理困境或者价值冲突。这些问题是留给政治家和国际机构解决的，而非伦理学家。我们时代的其他一些大的危机同样如此，比如气候变化、贫困及可预防疾病等，反映了政治愿景的失败，而不是道德观的分歧。

然而，这么说是在逃避责任。是的，目前困扰世界的问题多是不符合道义的，仅仅同意这种观点实在是空洞乏味，就像说"如果新技术带来恶劣的后果，那么其在道德层面也是恶劣的"一样不言自明。显然，还有更多要说的。应用伦理学家通常先花时间了解这些新技术背后的科学原理和局限，再细致分析其中涉及的不同价值观及其冲突，以及鼓励或者拒绝这些技术的应用所带来的利弊。

例如，针对是否应该利用基因技术来提高孩子福祉的问题，围绕父母的生育自由与未来孩子的自主权问题，应用伦理学家已经被划分成了两大阵营，而关于（在这种情况下）自主权的含义、禁止这一技术的风险（例如可能促使技术黑市的形成）、可能的益处等相关问题的著作已经可以装满一座小图书馆了。

与此形成鲜明对比的是，为了回答这些目前最紧迫的问题，应用伦理学家应该花时间去了解经济理论、经济政策以及政治背景，以提出新颖有力的观点，而真正这样做的应用伦理学家要少得多。实际上，减少不公、营养不良、奴役、可预防疾病或者贫困，的确会强化或保护某些价值而牺牲另外一些价值——特别是在问到如何才能符合道义地应对这些问题的时候。为了重新分配财富，政府或者各州究竟应该共同实施多少强制措施？就公平和自由而言，我们究竟应该做怎样的价值取舍？在关于不公平的实证数据不明晰或者减少不公平的措施能取得何种效果不甚明了的情况下，我们该如何做？

应对营养不良和当代奴役问题也是如此：为了跟踪和处理这些问题需要政府重新分配开支，该如何权衡，该由谁来承担责任？事情有多复杂，这些规范问题就有多具体。但是，这些问题继续留给了政治哲学家——他们倾向于关注事情应该达到的理想状态，或者政策制定者，他们没有受过训练来系统思考其所制定政策的伦理意义。

总而言之，应用伦理学家在向前推动经济伦理学方面可以大做文章。但是，除了少数人外，他们大多要么没兴趣，要么拿不到资金涉足这一领域。然而当看到正是我们的经济和政治体系为未来科技开辟道路这一点时，应用伦理学家就应该给予经济学大大的关注。为此，我认为应该再给当下主义者加1分：当下主义者2分；未来主义者0分。

预见未来

当下主义者的第三个论点又如何呢：未来的技术大多不可预见，所以最好专注当下。未来主义者也在此面临一个问题，有时候被叫作科林格里奇困境（Collingridge dilemma）：在技术出现的早期对其可能产生的影响进行控制会比较容易，但也正是在这个时间段我们缺乏引导其向有益方向发展的必要知识。我们无法预见技术最终发展成什么样子，该如何应用，人们该作何反应。

解决这个问题的一个办法当然是提升我们的预见能力，

从根本上打破科林格里奇困境。这一努力值得大书特书一番，但首先我要声明，即使我们预知具体技术趋势细节的希望渺茫，未来主义者对未来的兴趣对增加现在的知识也尚有三重意义。

第一重意义是科学研究本身也是稀缺资源。为了尽可能降低浪费资源的风险，我们需要对其伦理含义进行一些洞察。如果某项技术显然不符合伦理，那我们就应当优先考虑其他的研究。当然，目前的科学研究会影响到的未来到底有多远是个关键问题，但是至少评估科技对未来产生的影响还是有必要的。

第二重意义与预见未来伦理的一个侧面效应有关：评价一个未来前景通常会引导我们回到当下的现实。想一想，如果学生们在课堂上使用认知强化药品，应该得到允许吗？除了考虑药物的副作用，回答这一问题还要思考接受教育和使用药物的目的，以及药物究竟与计算器或者文字处理软件这些外在器具有什么内在的差异。所以，我们可能要问教育是不是会不可避免地带来竞争，从而确保最好的学生得到最佳的工作。如果事实如此，那么这些药物会引发一场认知上的"军备竞赛"。那会带来什么？如果教育的确具有竞争性，那是对的吗？医生应该开这些药物吗？如果开发这些药物并不是为了治疗或者预防疾病，就不该将其归入药物范畴吗？
那医生开药的目的又是什么呢？提出这些问题，仅仅展望一
下这些药物的未来，我们就会从新的角度重新评价现行制度
和规范所要达成的目标——即使这些药物永远不会出现，这
也是一次有价值的思考训练。

　　请同样思考一下用公共资金支持一项有关代际宇宙飞
船的伦理研究。这些宇宙飞船出发去其他的星球，但是距离
遥远，不仅需要第一代人开启任务，还需要他们的后代接续
下去。是否可以在这样局促的空间生育子女？人们被困在飞
船里，生命活动有限，却要生育后代为这个旅程的成功而工
作下去，代际宇宙飞船并不是即将到来的现实，那么为什么
要问这个问题？更不用说为提出这个问题的那些人提供资金
了，还不如拿这些资金来应对目前紧迫的问题呢。但是，仔
细思考这些问题会对我们目前居住的"代际宇宙飞船"（地
球）有巨大意义，它是困住我们所有人的、在宇宙空间漂游
的大石头。关于（如何）在地球上繁衍生息、关于我们亏欠
别人什么，以及一个人要为他人做多大的牺牲等问题，我们
有很多的想当然，这都是因为我们对地球过于熟悉。思考可
预见的遥远未来可以帮我们重新评价那些想当然。

　　还有另一种方法把预见未来与当下联系起来：这也许会

改变我们现在所珍视的事物，以及投资方向。这与科学研究也是稀缺资源有关，前面讨论过，但还有更深的意味。

第三重意义与一个叫作"长期主义"的学派有关。其假定前提是这样的：假设一个物种的平均生命周期是100万年到1000万年，辅以适当的科技和前瞻计划，期待人类未来还有很多代是合理的。如果我们公平地决策，未来无数代人的利益应该与当代人无异。因此，我们有极大的责任为未来着想。

即便我们不愿意接受遥远的未来人类跟我们享有同等的利益这一点，说他们毫不重要也是不妥的。如果我们期待在未来还将有无数代人出现，那么这个期待就对现在有深刻的意义，包括应该更加重视那些对人类生存可能构成的威胁，如核战争或流行病等。这把我们的注意力从如何改善当代人或者接下来几代人的生活，转移到我们应该如何改进现在，进而使长远未来的人获益。这仍然会引导我们关注当下，关注当下要如何做才能提升或保护未来无数代人的利益。

总之，即便我们对准确预见未来科技发展没有太大作为，思考未来仍然是有重要意义的：这可能是我们正确把握当下的唯一途径。这是未来主义者的一次大胜，所以我想他们可以得2分，那么当下主义者与未来主义者的比分现在是2∶2。

可信或不可信的远景

不过，这还不是最后的比分。我认为科学研究本身就是一种稀缺资源，如若不评估其伦理意义，我们则冒着浪费资源的风险。但是预测科学调研的效果要考虑多远的未来？答案常常是很不确定的。例如，2017年有超过40家组织从事通用人工智能（artificial general intelligence）研发；这种人工智能可以在广泛的领域进行推理，具备完成所有人类智力活动的潜力。这有可能在明天就实现，也有可能在百年以后，但也可能永远实现不了，并且可能产生巨大的改变世界的伦理意义，所以正确把控方向很关键。

问题仍然是我们该如何预测像通用人工智能（或者人造子宫）这样的技术在未来实现的可能性，并据此决定在相关领域花费多少时间。如果伦理学家把大部分精力投在近期不可能实现的技术上，或者他们专注于研究关于这项技术的不可能实现的应用场景，而不是研究当下的问题，那么，他们就是在浪费时间。

所以，看起来未来主义者有理由担心未来，不过他们预见未来的方式值得探讨。然而，伦理学家目前还没有形成或者实施一套评价未来技术实现可能性的框架。目前的伦理学家得了一种叫作"如果怎样然后就怎样"综合征的病：如果某技术成为现实，其结果就势必要引起我们及时关注。这种条件句马上就会催生关于一项假想未来技术的伦理学分支的出现。

正像科技研究学者反复提醒我们的那样，这个问题把一些科技进步看成想当然，忽视了科学与社会间的互动。伦理学家总是常常孤立地看待新兴技术，操心像生命大幅延长这种结果会带来哪些意义，并认为如果那项技术在未来实现了，那时候的经济、人口和价值观将与现在一样。但是，认可这种科学与社会之间的共同进化必然要考虑数不清的社会文化、经济、政治和历史因素之间的互动——这样的分析就对未来主义伦理学家的大多数工作的价值提出了质疑。

实际上，科技研究学者和技术哲学专家已经开发出众多方法来评估未来技术是否能识别这些不确定因素之间的互动关系。这些已经发表的研究体系有不同的命名：伦理技术评估、预期技术伦理、建设性技术评估、社会技术场景，等等。所有这些方法都根植于一个思想，即在评估一项技术的前景时应该明确承认技术进步及其效应有复杂多变的性质。

然而，为新兴技术而担忧的伦理学家们并没有几人利用上述的研究体系，更不要说建构或者改良它们了。我想为此当下主义者可以赢得1分。

这样当下主义者与未来主义者的总比分是3：2。我承认这是很主观的打分，但是这些是我认为思考未来的伦理学家应该关注的：伦理学家的精力分配确实值得考量；伦理学家（特别是应用伦理学家）一直忽视我们时代的紧迫经济问题，花费大量时间研究科学所带来的影响，而花在经济学上的时间却不够；尽管预见未来不仅对未来的人很重要，对当下也同样重要，伦理学家大多不注重那些用于思考是什么让未来的愿景有可能实现的系统方法。

虽然这不是很有吸引力的话题，但是研究伦理学的伦理还是很值得一说。我认为有些伦理学家当然不是丧尽天良，但的确有点不道德。所以，这一章的意义就是对接下来很多章节的价值（观）提出质疑。

第2章　未来人类的健康价值几何

布里吉特·威廉姆斯（Bridget Williams）

亚历克丝（Alex）是一家大医院的医务主任。她刚刚收到一份关于医院的医疗服务所产生的碳排放量的综合报告，其中还提出一些可以用来减少碳排放并促使医疗服务更加环保可持续的可行措施。医院有可能实施这些措施，但前提是在未来几年医院需要减少对其他优先事项的关注力度以及投资力度。例如，扩大针对某些特定病人的医疗服务的计划可能会被搁置，现有的一些服务将不得不缩减。因此，在今后几年，医院提供的医疗服务质量将低于原本可以达到的水平。

亚历克丝之所以采纳报告中的建议主要是因为想要降低气候变化可能带来的更严重的风险。尽管有证据表明气候变化已经影响了人类健康，但是应对气候变化所带来的真正福祉在未来才会逐渐显现出来。所以亚历克丝所面临的困境是，为了未来的人类健康，我们是否应缩小当下医院所提供的医疗服务范围。

那么亚历克丝究竟应赋予未来的人类健康多高的权重呢？

未来的人类健康与当前的人类健康

为了确定亚历克丝是否以及应该在多大程度上关心未来的人类健康，我们必须考虑一个首要问题：为什么健康对人类来说十分重要？

世界卫生组织将健康定义为"不仅仅是没有疾病或者不虚弱，而是身体、心理和社会适应的完好状态"。这个定义将健康定位为"完好状态"。但有关健康和完好状态的性质和价值是颇具争议的。哲学家为此提出了一些相关理论，但就本章而言，我们可以说健康既具有内在价值（即其本身具有价值），也有工具价值（也就是说，我们在健康状态下可以做的事情，或它为我们提供的东西具有价值）。

健康的内在价值似乎不会受时间影响。无论生在何时，人类个体的内在价值是不会改变的。哲学家德里克·帕菲特（Derek Parfit）的思想实验让我们想象这样一个场景：

一个人不负责任地在森林深处丢弃了一块玻璃碎片。一百年以后，在2121年的一个晴朗的夏日，一个孩子经过这里，一不小心踩在了这个玻璃碎片上，她的脚被划破，疼痛不已。这个小孩子所感受到的痛苦和生活在2021年的孩子一样。避免忍受这种疼痛的内在价值并不会因为时间变化而轻易改变。

身体健康的人不会受到健康问题限制、能做自己想做的事所具有的价值是否会随时间推移逐渐变小，我们很难去验证。完成一个项目所获得的满足感，或者发展人际关系背后的意义，对未来人类而言肯定也同样重要。然而，在未来，由于技术的进步和生活设施的改善，健康状况不佳的人过上自己满意的生活会越来越容易。例如，电梯和坡道的普及可以减缓关节炎患者膝盖的磨损，更方便其出行。

人类健康的工具价值

目前为止，我们已经考虑到健康的个体价值。但是，如果考虑到个人健康对他人福祉的影响呢？从这一方面来看，我们可以这样想，尽早提高人类健康可以为全人类带来更大的工具价值。在某种程度上，个人健康会受到祖先基因影响。最直接的是，父母（尤其是母亲）的健康状况会影响其子女的健康状况，并代代相传。从更长远的角度上看，良好的健康状态可能有助于公共机构更好发展，促进科学和知识进步，甚至深化全社会对人类道德的理解。因此，先人的健康状况可能会影响更多后人，因为他们生活的年代越早，就可能有越多的后代。

　　然而，这并不一定意味着人类健康的工具价值是随着代际的推移而递减的，或者说和未来的人类相比，现代人类的健康更有工具价值。也许未来的某个时间点会比现在更能指明人类发展的方向，那么这个时间点的人类健康可能比之前更具工具价值。拿个例子做比较，通常而言，人们认为发财要趁早，挣钱越早越好，这样就可以合理规划投资。然而，事实并非如此。例如，着眼于人的一生，一个人在30岁时获得一大笔资金可能比在15岁时得到这一大笔资金更能发挥这笔资金的价值。原因在于，一个15岁的孩子可能不太清楚如何合理规划投资，反而更有可能肆意挥霍。对于关乎人类健康的资源而言，可能也会有类似情况。作为人类，我们的知识随时间推移而大幅增长，并且我们相信未来人类知识会愈发丰富。所以，未来人类可能更了解如何"投资"健康资源。

探索不确定性

未来是具有不确定性的，一般来说，我们更有信心通过改善现阶段人类健康来实现自己的预期目标。在条件相同的情况下，实现预期目标的时间越长，其结果的不确定性就越大。由现在通往未来的这段时间里，会发生很多事阻碍我们的发展，在进行某一项目时，可能会出现细枝末节的问题影响我们按照计划实现目标。还有一种极端情况是，人类可能会遭遇一场灭顶之灾，所有事业的预期受益者都无法实现其预期成果或从中获益。因此，即使我们对任何时间节点上的人类健康都一视同仁，如果我们需要从当前健康效益和未来健康效益二者中选其一，在其他条件相同的情况下，我们应选择前者。

健康平等及弱势优先

除了健康效益最大化，许多人认为，改善人类健康状况的另一个重要作用是推动人类健康状态的平等，并且应更关注那些健康状况较差的人群。这是否意味着我们应优先考虑当前的健康效益呢？

毫无疑问，人类健康会不断改善。随着财富积累、生活条件提高、现代医学和循证干预的发展，我们看到几乎所有和人类健康相关的指标都有了巨大的改善，最明显的是儿童死亡率降低和预期寿命延长。根据这一趋势，我们可以合理预测，未来人类健康状况将会得到进一步改善。但是，我们并不能完全保证这一点，未来的人类也有可能陷入危机，无法改善健康状况。至少就目前而言，人类因资源有限而受到限制，并且未来人类健康也因气候变化而面临严重威胁。除此以外，我们也有可能面临一些灾难，比如核冬天（指核战争引起的全球性气温下降），使人类的发展突然脱离正轨。如果我们认为优先处理严重问题十分重要，那么我们应先考虑如何阻止全球灾难的发生。总的来说，鉴于我们不清楚未来人类健康状况是否能得到改善，所以人们对平等问题的关注与重视未来人类健康的程度之间的关系也未可知。

个人义务

有人可能认为像亚历克丝一样的决策者是否要为未来的人着想，取决于他们是否有这个义务。然而，帕菲特的另一个思想实验表明，我们在考虑自身对未来人类所承担的责任时会面临一些困难。帕菲特让我们想象一下，我们这一代人有两种选择：一是耗尽全球资源，只留下少量资源给未来人类；二是限制消费，为未来人类保留更多可供使用的资源。我们的选择将从根本上改变世界，并且这种变化是截然不同的，将改变人们的生活轨迹，甚至将会使原本不会相遇的男女相遇并孕育下一代，而这一切都是因为我们做了不同的选择。这意味着，如果我们选择第一种做法，在全球资源耗尽之后，那些原本可以依靠未来资源生存的人将无法存活于世（如果选择第二种做法情况会截然相反）。所以，很难说我们有义务为未来人类提供一个更好的生存环境，因为如果我们选择第一种做法，那么他们将不会降生到这个世间。

　　还有一种可能的解释是，我们之所以可以随心所欲地消耗资源，是因为接下来的一代人无法因此谴责我们，因为他们可能根本就不会出生。然而，帕菲特义正词严地否认了这一说法。这个难题（被称为"非同一性"问题）告诉我们：以对于某些特定人群的责任为出发点来考虑如何针对此类问题进行抉择的做法是不对的。

偏爱的程度

　　所以，到目前我认为亚历克丝应该公平地看待当前人类与未来人类的健康效益分配。有些人认为，道德并不要求我们做到完全公正公平，并且他们认为从道德的层面上出发，偏爱我们身边的人其实是可以理解的（甚至于是有必要的）。当我们在制定公共（而非个人）决策时，上述观点好像不太适用了。但即便如此，有些人可能会认为，为所有人考虑，我们也有理由更偏爱那些在时间上离我们近的人。然而，如果是这样的话，我们必须将这种偏爱行为控制在一定程度之内。大多数人认为我们甚至不应该无条件地偏爱身边最亲近的家人。如果我需要选择是阻止自己的孩子脚趾受伤，还是阻止另一个孩子遭受意外、失去他的腿，那么显而易见，我应该阻止更大伤害的发生，而不是只想着不让自己的孩子受伤。因此，即便从整个人类的角度看，我们会偏爱离我们更近的一代人，这是人之常情，但是我们仍然需要重视更多未来人类的利益。

我们是否忽略了未来人类的健康

到目前为止，我一直认为，我们或许应更重视当前人类的健康，但未来人类的健康也十分重要，也应将其纳入卫生政策的考虑范畴。不仅是亚历克丝在决定是否将环境可持续性列为卫生健康服务的优先考虑事项时要思考以上这些问题，很多其他行业的从业者也应加以考虑。

但是我们是否足够关心未来人类的健康？

在全球范围内，我们为保障和提高人类健康投入了大量资金。人们对于可用于分配健康资源以及确定健康优先事项的程序、方式和机制越来越关注。显而易见，判断事情优先级的程序很复杂，但我们通常会面临两个问题：第一，健康问题的范围；第二，如何有效推动进程，解决问题。1993年发表的《世界发展报告》（*World Development Report*）主题是"为健康投资"。这项报告建议："我们应该优先考虑如果不解决就会造成巨大疾病负担的健康问题，并且我们已经拥有了性价比较高的干预手段来治疗这些疾病。"由此可见，我们目前考虑这两个问题的方式可能忽视了未来人类的健康效益。

难以衡量的疾病负担

疾病负担是指某种人类疾病及相关问题带来的疾病和死亡，通常以伤残调整寿命年（DALYs）来衡量，包括因早亡所致的寿命损失年数和疾病导致的非健康状态寿命折损两种情况。一些疾病的主要影响是导致早亡（例如癌症）；其他疾病可能会让人饱受病痛折磨（例如慢性背痛）。伤残调整寿命年可以综合衡量这两种影响，然后对不同疾病进行比较，而这是无法用发病率、流行率或死亡率等其他健康指标来衡量的。

迄今为止，我们在估算疾病负担大小时，主要关注当前人类的健康状况，它反映了健康问题对目前人类造成的损害大小。但是，除非我们能证明全球疾病负担在未来会保持与现在完全一样的状态，否则根据当前疾病负担来预测未来人类健康状况是不切合实际的。通过这次的新冠肺炎疫情，我们明白这种做法的漏洞所在。截至目前，我们在预估疾病负担时尚未考虑到可能出现的新型流行病病原体。在2019年年底之前，从未有人感染新冠病毒，因此这种新型流行病所带来的巨大伤害在目前已有的疾病负担评估中毫无体现。

随着计算机和建模技术的进步，我们可以利用现有的最合理的资料证据来模拟未来人类健康状况的变化，也就能预估未来疾病负担。运用这种方法，我们可以预测不确定或出乎意料的事件的发生，比如一种新型流行病病原体的出现。

我们努力寻找影响未来人类健康的原因，但是很明显我们能力有限，无法准确预测未来，特别是无法预测新型疾病的出现，无法预测如何应对气候变化或其他事件，如大规模流行病或核战争。然而，虽然仍有很多未知的东西，但我们已经掌握了一些有价值的知识去应对未知的情况。再以新冠肺炎疫情为例，健康专家多年来一直在警告人类这一灾难可能会发生，并表示这只是早晚的问题。如果我们在对于疾病负担的评估中考虑了今后几十年甚至是几百年的人类健康状况，那么我们就更有可能预测出一场新型大流行病，并为此提前做好防御准备。

难以衡量的健康效益

就像我们忽视了未来的健康负担一样，我们也可能忽视了未来的健康效益。通过成本效益分析，人们可以估算出在改善人类健康方面每花费一美元所能获得的健康效益，并且此类分析结果常常是问题优先级设立过程中的一个重要考虑因素。但是，大多数卫生经济分析都是针对人们目前受到的影响进行评估，而不包含对未来人类的影响。时间这一因素至少会从两方面影响成本效益评估：一方面是卫生经济分析的时间跨度选择，另一方面则是折现的应用。

大多数成本效益分析只关注较近的未来，通常的时间跨度是某项医疗干预直接影响到的一代人的寿命时长。疫苗的成本效益研究可以延伸到未来的100年，但其目的是分析出接种疫苗的年龄组，而不是疫苗对后代所产生的影响。但是，人群广泛接种疫苗可以降低疾病流行率，进而减少疾病传播，因此未来不需要开展更多轮疫苗接种，这也就对下一代产生了一定影响。例如，为消除天花我们所采取的措施中就包括推广疫苗接种。这不仅仅使接种疫苗的人群受益，也使包括我们在内的后代受益，现在的世界不再受到天花这种流行病的困扰。

经济评估的另一个特征是使用"折现"这一经济参数。这是为了满足当前决策需要，降低未来事件成本效益的方法。关于是否应该以及为什么应该将健康效益折现存在相当大的争议。如前所述，我们有理由优先考虑在短期可以改善健康的措施而非长期措施，而折现可以用来解释这一观点。

国家指导方针建议，未来健康效益的年折现率在1.5%至5%。然而，想想接下来的几十年和几个世纪，按这种折现率来看，未来的健康效益将会微不足道。例如，按恒定的1.5%的折现率计算，13世纪一场战争中一个人失去生命相当于如今的近15万人丧生。

结论

让我们再回到亚历克丝所面临的难题。很明显，在决定医院是否有责任采取措施抑制气候变化时，我们应该考虑到这可以给未来人类带来什么好处。但我们并不太清楚究竟该怎么做。我已经简要告诉大家一些需要考虑的相关因素，但还有许多问题尚无定论。比如：健康对于拥有充实的人生而言是否没那么重要？人口健康状况不断改善的可能性有多大？我们应该如何应对结果的不确定性？我们理应偏爱生活年代与我们相近的人吗？

显而易见的是，虽然我们不应忽视人类目前面临的紧迫健康问题，但我们也不应忽视那些由于我们的作为或不作为，可能无法为未来的人们提供有效预防的问题。目前，我们在考虑卫生优先事项的过程中似乎并没有考虑到未来人类的健康。考虑如何使未来人类的健康福祉与关乎当前人类健康的优先考虑事项相契合，本身就是一项我们要优先考虑的事。

第3章　肉类替代品能否让世界大不同

安妮·巴恩希尔（Anne Barnhill）

露丝·R.法登（Ruth R. Faden）

当前的世界粮食体系存在着诸多问题，其中一个主要问题便是其对气候变化和生态环境造成的负面影响，而肉类生产则是不折不扣的重要因素。因此，许多专家认为人类需要大幅缩减肉类生产规模，为实现这一目标，人类同样需要大幅减少肉类消费量。人类应对这一紧迫挑战所做出的努力受到了来自道德、政治、技术以及文化多个层面的阻碍，其核心难点是如何让世界上大多数人，尤其是高收入国家的人民，大幅、快速地减少肉类消费。

世界粮食体系在全球人为温室气体排放量中占有很大的比例（约25%）。除此之外，农业生产也是全球环境变化的诱因，农业用地占据了全球土地使用量的 40%，农业生产用水则包揽了全球淡水使用量的70%。

与此同时，世界人口仍然没有停下增长的脚步，到2050年，全球人口可能将增至100亿。这一变化意味着全球粮食生产需要大幅增加，其对环境的影响也必然水涨船高。粮食生产对全球环境的影响将不可避免超过科学家公认的"安全"或"可接受"的水平。例如，与农业生产相关的温室气体排放将使实现减少温室气体排放的总体目标困难重重。

为了应对粮食体系对环境的影响，有专家认为有必要推动三大变革：向植物源性饮食转变；减少约50%的食物浪费；以及更广泛地采用对环境影响较小的农业生产方式。在这三大变革中，向植物源性饮食转变是重中之重。

为什么植物源性饮食对环境更有利

就温室气体排放而言，动物源性食品在整个食品生产体系中产生的影响最为显著，并且会对环境产生一系列负面影响，如空气污染、过高的用水量以及地表和地下水污染。这些影响有些直接来自动物本身，如动物粪便；有些间接来自动物饲料生产、肥料、杀虫剂的使用，以及土地使用方式的变化。

牛肉，作为一种典型的环境密集型的动物源性食品，其问题尤为突出：与菜豆、扁豆等豆类相比，生产含有等量蛋白质的牛肉需要的土地面积是前者的20倍，排放的温室气体也是其20倍。饲养各种反刍动物（如牛、山羊、绵羊等）所产生的温室气体占据了农业温室气体排放量的40%。虽然仅仅减少牛肉生产就会产生巨大的环境效益，但在减产牛肉的同时减产其他动物源性食物的环境效益将更为显著。据估计，广泛采取非动物源性饮食方式将使与食物相关的温室气体排放减少49%。

植物源性饮食的其他优势

除了动物源性饮食带来的巨大环境负担外，还有两个减少肉类摄入的理由值得了解。第一个理由关乎我们对待动物的方式。每年，全世界有500亿只鸡、15亿头猪、3亿头牛和5亿只羊被人宰杀以供食用。这些动物中的很大一部分终其一生都生活在大型室内设施里，与成百上千的同类密密麻麻地挤在一起。它们的受伤和患病率都高得惊人，而且无法进行正常的动物行为。有些鸡和猪一辈子都被关在笼子或围栏里，它们甚至没有足够的空间转身。

少吃肉的第二个理由是肉类生产和消费会对公众健康产生负面影响。例如，吃红肉（尤其是加工肉制品）与心血管疾病、糖尿病和某些癌症的患病风险增加息息相关。不仅是肉类消费，甚至肉类生产也会对公众健康构成风险，特别是当人们圈养牲畜时。因为这些养殖企业在狭小的空间里饲养大量的牲畜，并且往往缺乏相应的废弃物管理措施，极易污染空气和用水。畜牧业还将某些动物疾病（如禽流感、猪流感等）传播给人类：这些疾病可以通过人与牲畜的直接接触、农场的空气和水污染，以及食物本身传播。肉制品被食源性病原体污染（如来自动物消化道的大肠杆菌）则是另一个公共卫生难题，其解决有赖于从供应链中清除动物尸体。最后，在某些国家，畜牧业从业者不只在牲畜患病时使用抗生素，而是将其日常化，抗生素滥用导致了耐药菌的产生，在全球范围内造成了重大公共健康威胁。

我们应该仅仅缩减畜牧业规模还是将其终结

尽管存在种种负面影响，我们还是必须承认，时至今日畜牧业依然有着重要价值。饲养牲畜是全世界10亿人的重要食物和收入来源。畜牧业也可以产生一定的环境效益。例如，在野生食草动物种群不复存在的情况下，放牧有助于维持草场生态平衡。因此，无论从经济、食品安全还是环境的角度来看，最理想的解决方案都是缩减畜牧业规模而不是使其彻底退出历史舞台。然而同样重要的一点是，如果你出于道德认为，在已有可行营养替代品的情况下，人类依然以食用为目的饲养和宰杀动物这种事是大错特错的，那么"缩减生产规模而非终止生产"这一观点也确实显得苍白无力。但是，你可能仍然会支持减少肉类消费——或许是因为你比较看重利用一切渐进式的措施来尽可能减少动物遭受的痛苦。

我们如何减少肉类消费

我们如何才能减少肉类的消费，并尽可能快速且卓有成效地推动公众选择以植物为基础的饮食模式？一种方法是使肉类价格上涨——例如，对其征税，或对食品征收基于温室气体排放量的税。其他能够减少肉类消费的政策包括修改农业法规以提高肉制品价格，并继续向消费者大力宣传吃肉对健康和环境的危害。但这些方法措施究竟能否被推广实施，或者能否会使目前的肉类消费水平发生重大变化却依然存疑。由于越来越多的民众认识到食用牛肉所带来的健康危害，美国的牛肉消费从20世纪70年代起呈下降趋势，同时一些消费者转而选择鸡肉等替代品，但这一趋势似乎已经趋于平缓。

肉类替代品

另一种减少肉类消费的方法是坦然接受消费者对肉类的喜好，并围绕这种偏好做文章。在这一理念驱动下，肉类替代品应运而生，其中包括植物源性肉类仿造物和培植肉（又称实验室培养肉），人们利用生物科学和生物工程技术，以动物细胞为原料生产肉类。

纯素汉堡这一品类已经存在很长时间了。但在最近几年，远比之前更接近真肉的植物源性肉类替代品不断涌现，用动物细胞培育肉类（即动物组织）的生物工程项目也方兴未艾。例如，超越肉食公司（Beyond Meat）的超越汉堡（Beyond Burger）、不可能食品公司（Impossible Foods）的不可能汉堡（Impossible Burger）和动山食品公司（Moving Mountains Foods）的动山汉堡（Moving Mountains Burger）等几款产品在设计上都尽力模仿牛肉汉堡的味道、口感和外观。这几家公司也销售除汉堡以外的其他肉类替代品，其产品遍及北美和英国的杂货店、连锁超市、餐厅和快餐店，在欧洲、澳大利亚和亚洲部分地区也越来越受欢迎。

除了这些植物源性牛肉替代品外，各公司也在推广其他植物源性肉类（如鸡肉、猪肉）替代品，以及鸡蛋、黄油和牛奶的替代品。例如，不可能食品公司表示，其目标是"为世界上每一个文化区生产全系列的肉类和乳制品替代品"。

另一种肉类替代品——培植肉（又称实验室培养肉）则是细胞农业的产物。细胞农业并不研发植物源性肉类仿造物，而是试图用动物细胞培养出肉类（即动物组织）。本质上讲，细胞农业是在一个大桶（"生物反应堆"）里培养细胞来生产肉，而不是从动物身体上收割肉。细胞农业的第一个"概念验证"，即摩沙肉食（Mosa Meats）公司生产的第一张以培植肉为原料的汉堡肉饼于2013年面世，而许多公司说他们在未来几年就能做出成品。这些公司正在研发一系列食品和块状肉：不仅有汉堡，也囊括了肉丸、牛排、鸡肉、虾，以及"无牛乳清"。

肉类替代品业界的长期愿景是为消费者提供与他们平日喜爱并消费的肉类品类完全对应的产品或近似替代品。这些产品最终将与传统肉类价格相当，并且生产规模将扩大到足以满足大众的消费需求——如此一来，肉类替代品可能最终会取代大多数传统肉类的市场地位。考虑到肉类生产和消费造成的环境负担和社会负担，未来肉类替代品的流行能否使生态环境、动物福利和公众健康实现"三赢"呢？

这种设想并非天方夜谭，而是确有实现的可能。在美国，植物源性肉类替代品的销售增长速度把传统肉类远远甩在身后，而且买单的人也不只有素食主义者。不可能食品公司表示，购买不可能汉堡的人有70%经常吃肉。据有关机构预测，到2040年，全球肉类市场的60%将由植物源性肉类替代品和培植肉构成。

不要为了完美坏了好事

我们真的应该坦然拥抱这一未来趋势吗？如果哪天肉类替代品取代了60%的传统肉类，我们在动物福利、生态环境和人类健康方面是否真的能够实现"三赢"？笔者认为，这个"三赢"体现得并不明显，虽然在动物福利方面顺利稳赢，但在生态环境方面只是五五开，而其对人类健康的影响还有待观察。肉类替代品在改善环境方面所起到的作用只能说是差强人意。例如，从牛肉到植物源性牛肉替代品（超越汉堡和不可能汉堡的组合）的重大转变确实会显著减少温室气体排放，但在其他方面（如用水量、氮肥与磷肥的使用等）可能并不会带来多少环境效益。

减产传统肉类将带来明显的公共卫生效益；新型以及耐药病原体产生的数量将大大减少，污染物排放量也会一并降低。然而，食用肉类替代品的健康风险尚不得而知。市面上的肉类替代品似乎对消费者的健康没有明显益处。例如，它们的脂肪含量跟传统肉类差不多，而且尽管脂肪的类型不同，但对于其中一种（脂肪）是否明显优于另一种这一问题，科学界尚无共识。有关公司声称，他们未来会重新设计产品配方，从而使它们更加健康，但食用肉类替代品而非传统肉类的营养益处仍未得到证实。

值得注意的是，不论从传统肉类过渡到肉类替代品对健康和环境有什么益处，从传统肉类过渡到其他植物源性食品都会为我们带来更大的效益。研究表明，用健康的、多样化的植物源性食品替代传统的肉类，可能比用植物源性肉类替代品代替传统肉类具有更好的生态效益。另外，用水果、蔬菜和豆类代替肉类，将比用植物源性肉类替代品代替肉类更能改善人们的健康，至少对于高收入国家的人民来说是如此，毕竟他们目前消费的蛋白质和脂肪已经够多了。

那么，我们是否应该致力于通过推广植物源性饮食来有把握地实现"三赢"——从牛肉转向豆类，从鸡肉转向西蓝花——而不是为肉类替代品站台呢？过去的经验表明，我们不应过分乐观，认为大众消费者会出于道德责任感或健康这类原因大幅改变饮食习惯。但是，与转而食用更多的豆类或

西蓝花不同，肉类替代品并没有太高的适应成本。如果肉类
替代品最终能与传统肉类价格相当，消费者将不必做出太大
牺牲：唯一的变化就是逛超市的时候换个牌子买，别的一切
照旧。如果肉类替代品生产商最终能够供应人们设想中的所
有品类，如牛排和烤肉，那么人们珍视的家庭和文化传统也
可以继续传承而不受太大影响。这场革命将实现无缝衔接，
以温和的方式实现道德上更好（即便不是最佳）的决策。

　　我们应该充分把握这股公众对肉类替代品感兴趣甚至大
胆尝试的浪潮，毕竟说服普罗大众消费传统肉类的替代品将
是一个不小的成就。我们不应该因为苛求消费者为了高尚的
理由进一步改变自己的饮食习惯（即转而选择菜豆、扁豆或
蔬菜）而拒绝肉类替代品，或者无视其广受欢迎的现状而对
其"泼冷水"。

选择阻力最小的路径还是推动道德观念转变

　　不过，这一转变是否显得太过仓促了？转而选择肉类替
代品真的是正确的做法吗？我们是否过早地放弃了对我们的
饮食和食品生产体系进行更深刻的改造以及随之而来的道德
观念转变，忽视了它们实现的可能性和重要性？

　　一些活动家和研究人员对肉类替代品持怀疑态度，当然，传统肉类行业对此也不乏批评。反对的论点有很多，例如，某些植物源性肉类替代品，其原料含有转基因成分（有些人反对其应用），还有人认为实验室培植的肉是虚假和不自然的，而传统畜牧业则纯朴自然，肉类替代品威胁到畜牧业的未来，使人们抛弃了传统生产方式和价值观。但是，反对肉类替代品广泛应用的最有说服力的论点是：往好里说，肉类替代品终究没有解决人类食品生产体系违反道德的根源性问题；往差里说，它甚至依赖、支持并帮助延续这一有违道德的体系。

　　以不可能汉堡为例，这些产品的原料是美国中西部的大型工业化农场种植的大豆。这些大豆经过高度加工，辅以化学配方，然后在汉堡王等快餐店与一系列不健康的食物一起出售。尽管发明肉类替代品的初创公司一开始是与具有强大影响力的大型食品公司作斗争的无名小卒，但它们现在得到了后者的资助。在某些批评者心目中，肉类替代品的生产正在成为另一个高度工业化的生产体系，它依赖于不可持续的农业生产方式（例如，在美国中西部使用传统方式生产的大豆）——由大型食品公司资助，因此也在很大程度上任其摆布。

　　许多批评肉类替代品的人同意，传统肉类生产体系已经千疮百孔，必须加以改变。但他们认为，最佳方案是建立一个更加合理、公正、可持续的肉类生产体系来取代旧体系：建立新型农场，在户外饲养动物，为它们提供良好的生活条件；采用合适的农业生产方式以保护资源、减少温室气体排放和重建土壤生态；改善农场主和雇工的生活水平；并与所在社区实现融合发展。

　　除了肉类替代品大行其道这一种可能，食品活动家对未来或许还有其他设想，其中之一便是使世界粮食体系得到彻底改造。食物正义运动的倡导者力图改善农场工人和快餐店工人的工作条件和工资待遇，并使每个人都能获得健康且买得起的食物。倡导地方粮食体系和小型农场的人认为，我们应该从基于当地社区的小型农场获得食物，而不是依赖一个由大公司主导的全球体系在世界的另一端生产食物。粮食主权运动的倡导者则致力于确保少地或无地的农户、农民和原住民的权利，并主张加强对粮食和农业进行地方或区域性管制。粮食主权运动提出，要建立地方和区域性的、实行民主管理的小规模粮食体系，而非由跨国公司和政府间协议控制的全球化粮食体系。一些人主张对土地、水和种子实行公共管制，并尊重农民和原住民的耕作方式。

对这些倡导者而言，用肉类替代品制造业代替传统畜牧业，不过是一个庞大、综合性、全球化、工业化的生产体系被另一个类似的体系所取代，并不能实现他们所设想的未来。这是个很公允的评价。在生物反应器中培植肉类而不是饲养肉用牲畜，并不会使全球资本运作模式垮台，如果少数公司主导肉类替代品的生产和销售，必将产生与少数农产品公司一样的权力和利润整合，这理应使倡导者们感到不安。

但从另一方面来看，可能正是因为肉类替代品利用了大型食品公司的生产机器，使其可能会被广泛和迅速地采用。而肉类替代品的广泛消费将改变粮食体系的某些重要方面，包括缩减畜牧业使用的土地面积，从而使其可以用于其他用途，减少因生产人体所需的蛋白质而排放的温室气体，并极大减少在令人发指的恶劣条件下饲养的动物数量。

结论

基于这些考虑，我们应该怎么做呢？笔者的结论是，尽管存在种种担忧，我们仍应该欣喜地期待未来肉类替代品的广泛使用。动物福利、生态环境和人类健康三个目标，一个稳赢，一个五五开，一个"有待观察"，这还是比消费者深度依赖植物源性饮食来实现所谓的"三赢"要好，原因很简单，后者是不切实际、无法实现的。而这种喜忧参半的结果当然也比目前人类饮食的现状要好得多。但是，我们在面对这一未来图景时，应当考虑到三个重要注意事项和额外目标。第一点，我们必须认识到，肉类替代品只是解决了世界粮食体系中的一些不公正和道德上比较紧迫的问题，倡导使用肉类替代品并不能免除我们为彻底解决这些问题而奋斗的责任。第二点，我们应该接受替代性蛋白质产品，但要警惕概念炒作。我们应该像对待粮食体系一样对其投以批判的目光，并要求其在伦理道德方面加以改进。因此，第三点便是我们应该真正从伦理层面审视这一新兴产业，并阐明在伦理方面对该产业具体应如何改善。

第二部分

未来的身体

Part Two

Future Bodies

第4章　人类会被读脑技术操控吗

史蒂夫·瑞内（Stephen Rainey）

通过记录我们的大脑活动来揭示我们想法的神经技术会带来什么样的希望、前景和危险呢？

艾达（Ada）正步行去上班。不幸的是，昨晚酒吧之行让她的头很痛，而且她还一直在担心对那些素不相识的人说那些话是否失当。她打开手机上的一个应用程序，调整了几个滑块。界面上写着：进入头痛模式，已启用焦虑减少功能。舒缓的音乐开始响起。柔和的蓝光亮起，表明嵌入她衣领面料中的电极正在激活。她转过一个街角，抬起头，看到一个数字广告牌宣传能快速、有效地缓解宿醉的药品。她的手机屏幕上显示了一张通往药店的地图。这个糟糕的早晨可能会转悲为喜。而这一切都要归功于头部空间（HeadSpace）系统！

头部空间系统是一个未来人发明的大脑监测系统。它通过戴在头上的一组电极，分析用户整个大脑的活动水平。艾达拥有最新的型号，其中包括可以自动检测和干预大脑活动

的磁场发生器，该发生器也可以通过她的手机来控制。凭借
8G网络，它还能通过手机连接到物联网。甚至在她醒来之
前，头部空间系统就在读取和分析她沉睡的大脑数据，并调
节其活动，以最大限度地提高睡眠质量。从早上的数据来看，
系统已经检测到表明艾达感到不适的大脑活动。一些从她的手
机音乐库中自动选择的轻柔音乐，通过无线方式播放到艾达
的耳机中。

　　同时，该系统已经开始有针对性地产生磁场，以抑制她
大脑中一些压力反应区域的过度活动。在搜索了附近的药店
和有效的止痛药后，头部空间与手机信号基站连接，将艾达
的头痛信号传送到附近的联网广告牌，并下载上班路上的药
店位置。当艾达接近最近的广告牌时，该系统用磁场刺激她
的视觉系统，让她看到广告牌，并向手机推送药店方位。头
部空间系统确保艾达在夜晚尽可能地休养生息，并帮她在早
晨感觉神清气爽。一切都为眼前美好的一天做好了准备！

更"科学"而非"虚构"

　　一直以来，技术融合的目的是便捷生活。自从科幻小
说诞生以来，基于科技的乌托邦一直是科幻小说的元素。我

们中的许多人都希望技术能够承担起生活中的一些负担，哪怕只是一些无聊的部分，这样我们就有更多时间按照自己的节奏做自己喜欢的事情。让头部空间系统处理宿醉的想法具有一定的吸引力。艾达的故事当然是一个充满未来主义的故事，但能使其成为现实的各种技术已经在研究、临床应用，或向公众销售中。

我们所想的或计划做的每件事，身体做出的每一个动作以及经历的感觉，都有着某种神经关联——大脑中神经元活动的某种电子痕迹。通过记录这些活动并通过算法进行分析，我们可以对这些活动进行解码，为解读与之相关的想法、计划、运动和感觉提供线索。例如，当今的神经技术公司在市场上销售各种设备，包括一些记录用户大脑活动以便用户可以看到自身分心和压力水平的设备。通过监测这些水平，用户可以采取措施使他们能应对大脑对周围事件的反应，或许是通过放松技巧达到平静。艾达的未来主义设备就像这样工作，但它的应对措施是通过内置的磁场发生器自动执行的。

经颅磁刺激（TMS）是一种非侵入性技术，通过磁场来影响神经元的运作方式。20世纪80年代的实验表明，经颅磁刺激有可能通过刺激大脑来引发肢体运动。最近，它被用作治疗情绪障碍的一种方法。药物以化学方式治疗焦虑或抑郁症，而经颅磁刺激通过放置在头皮上的磁线圈产生的磁场改变大脑的电活动，有望产生类似效果。经颅磁刺激也通过同样的机制用于治疗成瘾，而没有药物疗法的副作用。

同时，物联网有望在软件和硬件以及环境本身之间实现新的整合，通过我们在日常生活中产生的数据，做出预先判断或反应。神经科学也在越来越关注我们的注意力如何对环境做出反应的复杂机制——不仅是我们的大脑如何处理眼睛、耳朵和触觉接收到的信号，还有我们的大脑关注到了哪些刺激源。在并不遥远的将来，会出现一种运用这种机制的设备来确保我们不会错过任何东西，从字面上看，就是抓取我们的注意力，也许是通过可能有助于情绪调节的那种经颅磁刺激，即出现一种设备可以确保艾达注意到显示她需要什么药物来缓解头痛的广告牌。

新技术可以通过读取我们的大脑活动，了解我们的内在想法，并揭示给外界，形成一个无缝的链条，甚至省去我们做决定的需要，这在技术上是可行的——在我们不得不考虑这些需求之前，世界就已经对我们的需求做出了反应。当我们在日常生活中使用类似头部空间系统的东西时，当我们的愿望得到满足，并且当这类系统提出建议以改善我们的体验时，我们可能会想：哇，这个系统真的读懂了我的想法！

系统背后

10年后，颅骨镜公司（SkullScope）开始销售头部空间系统。在过去的5年里，杰夫（Jeff）一直在担任颅骨镜公司的数据分析员。今天早上，他一直在监测来自数百名用户的数据流，包括艾达。他注意到艾达正进入头痛模式，焦虑减少功能已被启用。他做出了一个有根据的猜测——宿醉。

杰夫浏览艾达前一天晚上的记录，看看是否有关于她晚上在酒吧的有趣信息。另一个头部空间系统用户沃尔特（Walter）也在酒吧里，因此杰夫可以将他们的数据联系起来。他看着他们的抑制性大脑功能松弛，并确定了每个人都喝多了的数据点。他不能一目了然地确定他们是否认识对方，所以他把他们的综合数据送去做计算机分析。根据互动的头部空间用户系统记录的数据，可以获得关于人与人之间关系的线索，以及关于他们的想法和行为。计算机确定，两个用户表现出的那种大脑活动表明他们现在（曾经）相互吸引。事实上，计算机在这里犯了一个错误——大脑活动所真正表明的是一种混合了忧虑、尴尬和轻微焦虑的社交尴尬的互动。杰夫不知道计算机犯了错误。他将他们的头部空间用户数据标记为"恋爱中"的状态，正如计算机分析所建议的那样。

杰夫向前滑动到早晨。艾达的头部空间系统正在记录活动，显示她正在步行去上班。杰夫松了一口气，他不必提醒当局她可能是在醉酒的情况下开车。颅骨镜公司与各种合作者建立了伙伴关系，包括执法部门和艾达的银行。将她的账户活动与宿醉的频率相互参照，颅骨镜公司的自动分析建议降低艾达的信用评分。太多的宿醉记录表明她不负责任地在酒吧里花了太多的钱和时间，应该被视为一种还款风险。

杰夫注意到头部空间系统正在为艾达播放能使人平静的音乐。颅骨镜公司的另一个合作伙伴神经广告公司（NeurAdvertising）收到指令，在针对她的广告中加入这种类型的音乐。该营销公司还接收了与艾达的焦虑有关的数据：她焦虑时的样子，以及她在什么程度上感到平静。神经广告公司现在可以识别艾达对不同类型广告的反应，只向她周围的广告牌发送最有效的广告。这些数据也被卖给了警察和安全部门。

通过研究头部空间系统用户的压力动态记录，警方希望根据大脑活动的焦虑模式，开发出检测犯罪意图的系统。

安全部门也在与颅骨镜公司进行谈判，以获得对用户头部空间系统的磁场发生器的访问权。他们希望能刺激大脑活动，以帮助人们应对紧急情况。如果他们能够从大脑内部平息紧急情况下的应激反应，这将对保障民众安全有很大帮助。杰夫是开发这个神经安全项目的团队成员，他很高兴能把视觉刺激的情况也告诉警方。警方希望利用这项技术来确保处于紧急情况下的受害者不会错过安全通知和其他指示——通过分析艾达的大脑数据，系统能够及时提示她发现止痛药广告。

伦理问题

从杰夫的故事角度来看，头部空间系统和颅骨镜公司会存在伦理问题似乎显而易见。但我们值得强调几件事，以展示看似无害、有用或有趣的神经技术是如何隐藏值得深究的伦理问题的。

我们是否应该把我们自己、我们的身体、大脑看作可以用于某些目的的工具？毫无疑问，有些时候，微调我们对环境的反应会很有帮助。能否设计一个良好的睡眠模式，或在工作面试、考试前调整压力反应，可能会对最终结果产生决定性影响。但也许在考试前的压力反应也有其积极的一面。如果处理掉这种压力反应，我们可能会使自己丧失这种克服逆境的体验。使用机器来让自己感觉更好，可能会阻碍我们学会如何增强自身的韧性。而我们在面对逆境时学到的东西可能会促使我们反思自己的性格，也许会鼓励我们在如何与世界打交道方面做出有益的改变。

焦虑可能是另一个例子。虽然对某件事感到焦虑往往是不愉快的，但焦虑也可能有其存在的合理性。处理掉它，产生焦虑的环境会继续存在，只是改变了遇到它们的方式。例如，面对社会上普遍存在的对边缘群体的不公正，人们是否应该找到一种干预大脑的方法，以减少对这种不公正的痛苦感。当然，最好的办法还是，比如说，通过社会运作，消除产生不公正的原因。

在一些情况下，控制我们原本自主的身体和精神反应似乎有积极意义。宿醉就是这样一种情况。但是，有一个问题摆在我们面前：我们如何知道哪种程度的反应比别的反应更可取。在头部空间系统中，这个问题是自动处理的：系统检测到过度活跃的脑部活动，并将该活动降低到"可接受"的水平。从伦理学的角度来看，将这种可接受性量化并编入系统的做法是有问题的。机器的自动操作会对可能是适当的反应起抑制作用。从表面上看，像在丧亲这样真实但相对罕见的事件中，将人的反应控制在日常生活中的参数范围内不合时宜。

不管高科技应用的自动化程度多么高，也难免经常有人类的因素混杂其中。当自动系统不能做到面面俱到时，不寻常的人际关系可能就会发生作用。以杰夫和艾达为例，艾达的隐私和尊严会因为杰夫的工作受到影响，即使艾达从未意识到这一点。对她来说，这可能看起来几乎是项神奇的技术，且具有十足的科学性与客观性。然而，有人在幕后，挑选数据进行处理，为公司的商业目的出售有关她神经活动的碎片。如果艾达发现杰夫搜查了她的日记，并根据日记的内容，出于市场化的目的，对她个人做出判断，她可能会感到震惊。然而，由于披着科学的外衣，这项技术侵入性的一面被掩盖了。与受到神经监控相比，如果只是日记本被人窥探了，我们是否应该感到庆幸？

更重要的是，这些数据的二次利用超出了用户对于他们的行为可能产生的影响的所有想象。用户不太可能认为购买止痛药会在某种程度上有助于安全研究——然而，颅骨镜公司向安全部门提供艾达购买止痛药的数据这一举动，正说明了这点。每一个头部空间系统都只是把数据汇总到一个通用的数据池里进行分析——使用一切手段成功地将产品或服务推销给任何买家。用户无法预测，更不用说去许可每一次特定的信息使用，因为每一个数据收集、处理、分析和市场化的实例都是整个系统——公司数据生态系统——的一部分。

私人公司出于经济利益，总是有动力将消费者的大脑数据作为一种资产来利用——与其他资产别无二致。敏感的大脑记录，经算法处理后，任由市场利益摆布，我们愿意承受这种后果吗？在未来，公司可能会根据消费者的大脑档案来推销产品，或者政党可能会基于大脑分析来预测人们心中隐藏的欲望进而制定政策，这些都是可以想象的。警察和安全部门可以通过人们的大脑类型，而不是明显的行为来识别不良意图，从而遏制犯罪和恐怖主义活动。不仅算法会出错的前景令人担忧，而且这一切的背后是我们与人打交道的重点发生改变，通过算法进行归类的大脑活动成了人的身份证明。我们是否应该接受这样的归类，最终是一个伦理问题。

对艾达的关系状况和她的信用等级的评判，是基于计算机的数据处理结果做出的，而不是依据她的实际行为。这是我们现在应该对神经技术突破进行思考的部分原因，尽管目前头部空间系统还是我们做出的一种假想。鉴于计算机算法的学习方式不断丰富，算法可以操作的数据越多，其用途就越广。如果有非常大的数据集，算法可以用人类无法企及的规模和速度检测识别出数据中的关联模式。这就是为什么我们已经看到人工智能筛查癌症的准确度超过了一些医生，（人工智能）还可以预测将来会有哪些新型有效药物出现。但它们也可能难以控制，因为它们的大部分处理是通过严密封闭的数学运算完成的。这就是人们将算法描述为"黑匣子"的原因——它们的内部操作是不公开的。它们就像大口咀嚼数据的怪物。

在神经技术应用中，算法可以处理加工记录的数据，从而预测大脑相关的活动，包括精神状态。在以这些复杂的方式处理大脑记录时，一种用于预测大脑和精神之间基本关系的方法应运而生，可以对人做出更广泛的判断。未来庞大的大脑记录数据库经过算法处理，可能会对我们的头脑进行深度分析预测。我们可能会进入一个神经画像的世界——根据数据对人做出判断，而不是通过人与人之间的各种关系和信用评级。基于大脑数据的分析可以预测职业适合度，比如提示人们一个申请二手车销售员职位的人更适合做狱警，这样就可以取代工作面试。这种神经预测也可能进入教育领域：当你的大脑数据可以显示你的智力和天赋时，为什么要参加那些考试，或学习那门课程？

神经画像分析法将人们评估为一个画像，而不是一个人。所有的画像分析都有这种潜在的弱点，即把人大致分类而不是用其独特性格来判断一个人。但神经画像还有一个会造成误判的漏洞：虽然人的大多数行为可以自动调节以适应环境，但大脑活动并没有发出指令，因此也不能在记录的数据中有所反映。不仅如此，神经画像的一个特别不利的方面是，有些人声称，与一个人的言谈举止相比，大脑活动更能显示一个人的性格和情绪状态。然而，神经画像不会是完美无瑕的。根据大脑数据收集到的参数，一个人可能会被归为这样或那样的类别，被认定在现实中存在或不存在某种关系（还记得关于艾达"关系"的错误推断吗）。

抛开对神经画像及其会出错的担忧，还有一个根本的担忧。一方面，如果人们知道他们的大脑活动有可能被记录下来，他们可能会开始担心自己会产生哪些（"不好的"）想法。另一方面，他们可能会担心自己的某个想法会被误读。通常情况下，任何人在任何时候都可以自由地思考任何事情，似乎是非常合理的。这是一个认知自由的问题。即使是人们考虑应受谴责的事情，也可能有恰当的或无可指摘的理由——例如，在考虑道德困境、写剧本或同情一个坏角色时。如果我们对自己能思考的东西感到拘束，那么在构思一些理念和行动计划时，我们又能有多大的自由？

结论

我们对大脑及其与思维的联系的理解正变得越来越复杂。这类研究似乎能够为迄今看来相当神秘的大脑和思维过程提供诱人的见解。目前还没有真正出现科幻小说中常常描写的那种"读心术"。但神经技术的发展难免会导致"读心术"的最终出现——尤其集中体现在临床和科学研究之外的数据处理方式上。神经技术将开始积累不断增长的大脑记录数据库。技术公司将继续开发新的算法，能够辨别人类数据分析员无法发现的模式。结合起来，这些努力将为预测大脑和思维的相关事宜提供大量的机会。我们现在需要考虑这是否是我们想要经历的，或者我们应该要求控制的。

艾达会如何看待杰夫和头部空间数据生态系统利用她的宿醉反应？她会对神经广告公司将她的行为方式作为数据商品出售感到高兴吗？如果她知道警察对她的大脑活动感兴趣，再次使用设备前，她可能会三思而行。广告牌吸引了她的注意力是有帮助的，但再仔细想想，艾达可能开始觉得自己有点像一个木偶，由颅骨镜公司拉线操控。现在请你站在她的立场上，在读完这一章后，站在神经技术超级市场高耸的货架前，你会为自己买一套头部空间系统吗？

第5章 爱情药物会使感情更廉价吗

朱利安·撒维勒斯库（Julian Savulescu）

卡拉（Kara）要去应聘一家大型新闻网站特约撰稿人的职位，所以精心挑选了一套西装并化了妆。这份工作大部分时候都是在家进行的，所以并不要求穿着得体。大多数时候，卡拉是一个穿着随意的人，更喜欢穿运动服工作。但卡拉知道，当她与人见面时，身着西装和化妆会让她感觉更自信，表现得更好；她还相信，如果她打扮得漂亮，面试小组会对她有更积极的反应。她用随身携带的iPad（苹果平板电脑）打开了一个思维导图程序，帮助她针对那些可能出现的话题组织自己的思路。为了保持冷静，她服用了β受体阻滞剂。下午，卡拉计划去参加一个健身训练课程。除了健身服外，她还带了一小罐浓缩甜菜根汁，因为她读过一项研究，说它能延长力竭前的运动时间。这将有助于提高她在课堂上的表现，尽管充满压力的早晨让她精神疲惫。上完课后，卡拉接到了电话通知，她得到了这份工作！卡拉被邀参加日常的下班酒会。她接受了邀请，并买了一瓶白葡萄酒。虽然她不喜欢这个味道，但她知道酒精会帮助她放松神经，还能让她更轻松地融入新团队。

人类增强

人类增强手段或技术归根结底以提升能力为目标。

卡拉使用各种工具和物质来提高她在面试、健身房和社交活动中的表现。几乎每个人都或多或少地使用这些工具或物质。可以说，这些都属于人类增强手段。

在评判使用某种形式的人类增强手段是否道德时，要对不同形式的人类增强手段进行一些必要的区分。

生物医学增强

卡拉的衣服、化妆品和iPad有助于她提高表现，但这不是生物医学意义上的增强。它们只是在实践上、社会上和心理上支撑她的外部工具。很少有人觉得这有什么不道德。然而，卡拉在运动时喝的甜菜根汁则是一种生物医学的增强剂，因为其中的化学物质与她体内的化学物质相互作用，产生了预期的效果。

有关人类增强的伦理争议主要集中在生物医学增强剂上。生物医学上的人类增强涉及"用于改善人体形态或功能的生物医学干预措施，这些干预措施超出了恢复或维持健康的必要范围"。

天然与非天然

几乎没有人会觉得喝甜菜根汁或者适量饮酒有什么道德问题。

为了确定哪些类型的人类增强会引起我们的关切，我们通常会对天然和非天然的生物医学增强进行进一步的区分。卡拉饮用的甜菜根汁可能被认定为"天然的"，而她用的β受体阻滞剂则不是。这种区别可能是模糊的，难以界定。例如，卡拉的葡萄酒是以葡萄和糖这样的自然产物作为原料生产的，但制造葡萄酒需要大量的加工。

我们所拥有的一切都源自地球上存在的物质，这毋庸置疑。因此，天然的物质可能意味着加工最少，成分单纯，或易于家庭生产的物质。非天然的物质可能意味着大规模集中生产，实验室级别的制造过程，或只有通过两种或多种物质之间的化学反应才能创造的物质。这是一个粗略的分类，我们需要注意不要将"安全"或"常用"与"天然"混为一谈。

天然和非天然产品的安全性都可能是一个问题。毛地黄在其自然状态下是有毒的，但其活性成分洋地黄被用来制作治疗心脏病的救命药。不要使用未经验证的增强剂，因为它有造成伤害的风险，这显然是一个无可辩驳的理由。因为本章涉及一个思想实验，为了这个目的，我们将假设在此讨论的任何人类增强措施在所提出的假想场景中已被证明是安全的，尽管事实上大多数增强措施要么未经测试，要么存在风险。之所以如此假设，是因为我想用它们来讨论围绕人类增强的伦理问题，而不是为任何特定增强剂提出政策建议。

撇开安全问题不谈，许多人都有一种直觉，认为天然的增强剂是可以接受的，而非天然的则不可以。我认为这一直觉没有事实依据，站不住脚。重要的不是我们如何生产一种可以投入使用的增强剂，或者人们使用它的频率如何，而是它对人类总体福祉的影响。

有争议的生物医学增强形式

上面列出的大多数卡拉所用的增强方式和手段是没有争议的，即便是生物医学增强剂。大多数国家都不会禁止这些增强剂，她也不会因为对她的朋友，甚至在社交媒体上，承认使用这些增强剂而感到尴尬。但其他形式的生物医学增强是有争议的。产生争议的原因通常包括：①增强的目的；②增强剂本身的特点（例如，它可能会对使用者产生高度伤害风险）；③在有明确规定禁用时（如在职业体育竞技中）使用。

对于第二种原因，许多人能接受使用像咖啡因之类的药物来帮助自己专注于一项重要的工作，但不接受把处方药物用于规定用途之外的其他目的，如使用莫达非尼（一种治疗嗜睡症的药物，一些人认为它有助于集中注意力）代替咖啡因。医学专家也从来没有对这种用法进行过测试，而且不管是短期还是长期服用，服用这类物品都可能会造成心理或身体上的伤害。这是围绕物质的安全问题产生争议的一个例子。

网球运动员莎拉波娃（Sharapova）在2016年被禁止参加网球比赛，因为她的米屈肼检测结果呈阳性，这件事当时轰动一时。截至2016年，她服用这种药物已达10年。但在新的一年，对该药物的禁令生效，所以她现在服用该药物是违反规则的。实际上，并没有很好的证据表明这种药物是不安全的或能提高成绩的。但是一旦该规则生效，莎拉波娃就被视为作弊者。这是一则基于规则的争议性案例。

究竟什么样的安全水平才足够安全，这有很多问题值得讨论（毕竟，英国每年有大约7500人死于酒精，而且是更多人死亡的一个促成因素）。还有很多关于增强措施的其他问题需要讨论，如（增强措施）使用者和不使用者之间的公平问题、某些人使用（增强措施）给其他人造成的竞争压力，以及使用增强措施后取得的成就是否值得赞扬。但这些问题我们姑且不谈。

本章将重点讨论围绕生物医学增强的"目的"驱动带来的一个争议：以增强恋爱关系为目的而服用的物质，或 "爱情药物"。

卡拉的烦恼

在本章开头，我们一同见证了卡拉的成功经历，包括她面试成功，得到工作机会。

不幸的是，她的生活并非一切都尽如人意。卡拉与萨迪（Sadie）结婚已有10年，有两个年幼的孩子。然而，在过去的一年里，事情变得棘手起来。虽然卡拉知道萨迪是个好人，并且仍然尊重她，但她觉得他们在照顾孩子和工作的日常消磨中已经变得疏离。很多时候，她感觉他们更像是室友而不是恋人。卡拉发现自己被其他人吸引；她已经努力保持忠诚，但她怀念他们恋爱初期时的那种丝毫不用费力维持的亲密关系。那时，她从未想过爱慕其他人。

在糟糕的日子里，有关萨迪的一切都让卡拉感到厌烦。她想过离婚，但不想付诸实施。如果离婚，她至少有一半的时间不能和她的孩子生活在一起，她会失去一半的资产，可能还会失去一半的朋友。因此，尽管她希望维持婚姻，但不断的烦躁和争吵对整个家庭来说是一种心理上的损耗。

研究表明，疏离、厌倦和失去亲近感是许多人离婚的关键因素。

这是一个常见的电视和电影套路，即主角离开一段看似完美的关系，最终与所爱的人在一起，尽管这个爱人可能有更多明显的缺陷，但对主角来说的确是"真命天子"或"真命天女"。例如，《欲望都市》（*Sex and the City*）中的主角和叙述者嘉莉（Carrie），与英俊善良的家具设计师艾登（Aiden）建立了严肃但显然很幸福的关系，但嘉莉为了大块头先生（Mr.Big）离开了艾登。大块头先生是一个脾气暴躁、害怕做出承诺的银行家，还不时和别人结婚，在他们最终和解获得幸福结局之前，大块头先生还在婚礼现场逃婚了。

这个套路下的一个信念是，只要你能找到"真命天子"

（尽管他的出现可能出乎意料并且看起来与你并不合适），你就会永远幸福地生活下去。

然而，"从此以后"是一条终点线，随着我们寿命的延长，它已经退到了更远的地方。进化理论表明，配偶关系的产生是为了生育和抚养孩子，这对人类来说是一个资源密集型的过程，在两个成年人的努力下，孩子生存的机会要大得多。但是，在孩子们长大成人后的这段时间里，两人"绑定"在一起的意义并不大，从人类社会的意义来看，"绑定"是为了物种的生存，而不是个人的幸福。

如果一段本来很好的关系失去了爱情的火花，这并不一定表明它起初就是一种错误的关系。光有火花也是不够的，嘉莉可能容易受到大块头先生的诱惑：但这并不意味着她和他在一起会更快乐。

如今离婚已经变得更加容易，但用一系列标准来衡量，代价仍然很高。离婚会导致成人健康状况不佳，包括早逝风险的增加。在儿童身心健康方面，回顾近期研究可以发现，尽管研究人员开发了更好的方法来控制其他影响儿童身心健康的变量，但"离婚和家庭不稳定会降低儿童的幸福感"这种情况仍然很显著。

造成这些结果的原因可能有很多：出于历史、宗教、政治或实际原因，我们的社会和财务结构是建立在终身结合的基础上的，这可能会加剧人们在离婚后所承受的伤害。此外，离婚可能是由财务问题、酗酒和其他已经存在的问题导致的。最终，重要关系的丧失，双方因需要有单独的住所而不可避免产生的额外费用，以及子女突然减少与父母一方或双方的接触，都可能是造成压力和不愉快的重要原因。

因此，我们在维持婚姻方面进行大量投资就不奇怪了：在美国，婚姻咨询是一个价值数十亿美元的行业。然而，美国的离婚率仍然很高，有40%~50%。这并不是说所有的婚姻关系都应该继续下去，但是有时一段婚姻关系还是值得努力维持和改善的。

生物化学所增强的爱

卡拉在网上寻求改善婚姻关系的建议。一个秘诀反复出现：按摩。一篇文章解释说，按摩可以让女性释放催产素，即所谓的"增强爱意激素"。卡拉和萨迪想去，但是似乎永远没有时间和精力，他们有两个年幼的孩子，两份要求很高的工作，况且还有年迈的父母需要照顾。卡拉读到的另一个秘诀是分享新鲜经历。但同样地，在她试过一两次之后，生活的担子就会成为拦路虎。卡拉和萨迪负担不起找人看管孩子的额外费用，何况，他们还想把下班后的一点时间花在孩子身上。

一段关系中可能出现的问题可能和有问题的人一样多。有些问题（如虐待伴侣，或在三观问题上产生分歧）将无法通过生物医学增强来解决。

然而，越来越多的证据表明，爱情和亲情有其生物基础，随着时间的推移而自然波动，甚至可以由基因决定。

相关研究已经确定了介导人类爱情体验的一系列生物过程：催产素、加压素和睾丸素与爱和吸引的各个方面有关，除此以外还有外激素和其他激素。

一些包括按摩和分享新鲜经历在内的缓解婚姻不和的传统方法之所以有效，可能是因为它们会间接影响激素的分泌。人们倾向于赞扬那些以这些方式"尽力改善"关系的人。虽然这些方式仍是我们目前最好的选择，但随着时间的推移，我们很可能会发现安全和有效的生物医学技术也可以用来增强爱情。例如，催产素可以作为一种鼻腔喷雾剂来使用。从直觉上讲，对许多人来说，把将催产素制成喷雾剂来使用以达到同样的效果就是错误的或不地道的。这样的观点真的站得住脚吗？

治疗与增强的区别

有些人认为，虽然使用生物医学产品来治疗特定的疾病是可以接受的，但将其作为改善自然状态的一种手段则是不可接受的。

这种观点的问题在于，它将问题简单化了。举个例子，伟哥是一种治疗男性性功能障碍的药物，它是目前我们确实拥有的一种最接近成功的爱情药物。证据表明，基于低性交频率和高性交频率的伴侣关系都没有问题；而当一方性欲高，另一方性欲低时，问题往往会出现。

伟哥是一种治疗手段还是一种增强手段？勃起功能障碍可以说是年龄增长的一个自然结果。使用伟哥来对抗这种情况，是治疗还是增强？此外，随着其名声的传播，许多人开始在性功能健康的情况下使用伟哥，以达到娱乐或增强的效果。

如果我们相信治疗与增强是有区别的，那么只要老年男性的性功能在其所处年龄段的正常范围内，我们就应该拒绝让他们使用这种药物。但是，我们也没有理由说与压力或肥胖导致的功能障碍相比，正常的老龄化导致的勃起功能障碍就不令人痛苦或不应该解决。

我主张采用福祉主义的观点。也就是说，如果一项干预措施提高了福祉，那么改善前的状态到底是疾病造成的还是一种自然状态就不重要了。

这也可以适用于夫妻关系中。如果一对夫妇的性需求不匹配，丈夫的性欲较低，服用伟哥可以平衡他们的性欲来提高他的福祉。而如果他的伴侣碰巧也性欲较低，他自己也不会特别想要提高性欲。如果他们双方认可这种状态，那么服用伟哥结束这种平衡关系反而将减少他的福祉。

真实性

反对药物增强的另一个主要论点是"真实性"，特别是在改善伴侣关系的领域。

在科幻电影《黑客帝国》（*The Matrix*）中，主人公尼奥（Neo）可以选择红色药丸或蓝色药丸：吃了红色药丸，他会了解痛苦的反乌托邦现实，而蓝色药丸则带他进入他诞生时所处的舒适幻境。当然，他选择了现实。

我们不想生活在一个愚人的虚幻乐境里。我们想体验真爱。也许如果卡拉留在这段婚姻里，她会错过更适合她的人。或者她也许将永远无法展现那些她如果是单身所能展现的部分。又或者，也许药物会使她在这段关系中获得幸福，直到她生命的最后一刻，但当她回首往事时会觉得浪费了自己的时间，活在了一个虚幻的世界里。增强剂越有效，这种风险就越大。增强剂创造的（良好）感觉越多，我们就越难将生物增强剂的效果与现实区分开来。

对一些人来说，这将具有决定性作用。

然而，我们有理由不那么担心。在前面卡拉的故事中，她认为按摩是释放催产素和增进她与萨迪关系的一种方式。为什么以这种方式释放催产素比直接从外部获取催产素来得更真实？无论如何，她已经决定运用外部增强手段来挽救她的婚姻关系。

人们使用爱情药物还有可能是想加强传统疗法效果。目前，人们正在尝试将某些过度使用可能会导致成瘾的药物用在某些病症的治疗中，那么为什么不能将生物增强剂用于改善伴侣关系呢？在这种情况下，药物就是增进感情的催化剂或放大器，并不单独起作用。在恋爱关系的早期，许多人在约会时会用酒精来促进二人的关系。酒精有助于减少拘束感，使沟通和经历分享变得轻松愉快。虽然过度饮酒可能导致无意义的分享或虚假的相互吸引，但通过适度饮酒来调节约会的气氛，通常是无可厚非的。为什么类似方法用在恋爱关系的后期或用其他东西代替酒精就不行了呢？当然，这种药物应该只在有专业指导的情况下使用，由医生开处方并监督。

其实，真实性并不是"符合我们最大利益"的同义词。脑深部电刺激术（DBS）已被试用于治疗患有重度厌食症的人。它可以刺激大脑中的奖赏机制，即所谓的"享乐热点"。因此，患者接下来的经历可能不是"真实的"：它们并不完全来自患者及其与世界的互动。但如果没有脑深部电刺激术，患者就会有很高的死亡风险。此外，选择接受脑深部电刺激术可以说是真实的自我做出的决定。随后，这一真实的决定由脑深部电刺激术所支撑，为患者创造了条件，使其能够按照自己的高阶决策行事。

当然，这两者的可比性并不强。首先，厌食症是一种严重的精神健康问题，而不再相爱则不是。我举治疗厌食症的例子是因为它突出了真实性的问题。健康的人也会经历目标和行动之间的冲突。我们都经历过高阶欲望和低阶欲望之间的冲突。我们已经决定开启健康的生活方式，但常常被"意外出现"的巧克力所诱惑，抑或是确定了宏伟目标后，转而刷起了社交媒体。是计划中的事情还是在冲动下做出的反应更符合真实？

如果卡拉审视自己的生活，发现有萨迪在其实会更好。如果他们因为太累而不能在夜晚再次"约会"，因为太穷而不能外出度假（以增进感情），或者因为太缺乏自信而不能在床上"迈出第一步"致使感情破裂，那么使用爱情药物来增进感情，是否真的不如让这段感情消逝来得更真实？

虐待的风险

还有一个反对药物增强的论点是当事人有可能正在遭受虐待，或者说药物增强能够使其长期忍受虐待。想象一下萨迪和卡拉的关系的另一个版本：萨迪在情感上或身体上有虐待卡拉的行为。可悲的是，这种情况并不少见；据信，美国每年有1000万人受到家庭暴力的影响。

人们选择继续留在这样的关系中有很多原因，可能是出于现实的考虑或经济状况，没有其他选择。也可能是情感上的原因：因为爱可能是非理性的，或者（他们）相信对方会改变。

让我们想象一下，在卡拉的例子中，她没有能力离开。养家糊口主要靠萨迪，离开并带走孩子很可能会牵扯到一场旷日持久的法庭诉讼，而这是卡拉无法承受的。如果她不能说服法院，让法院相信他们一家在萨迪手中遭受虐待，她将被迫把孩子交给萨迪照顾，这是有风险的。此外，即使她获得了孩子的监护权，卡拉可能会被告知因为萨迪是自营职业者，可能会隐瞒收入以减少孩子抚养费的支付。卡拉不知道在这种情况下她是否有能力抚养她的孩子。这样一来，感情增进方案似乎很有诱惑力，那能使她对萨迪的感觉好一些，并使萨迪更能忍受与她在一起。

当然，在这种情况下，有效的爱情增强可能是非常有害的，对卡拉和她的孩子都是如此。但在其他情况下，它可能是有价值的。当我们考虑增强爱情是不是一个值得为之努力的目标时，应注意增强爱情不一定在每种情况下都是有价值的，甚至不一定在每种情况下都是无害的。相反，我们应该对不同情况都有所考量，还应该考虑自己是否有预测和管理风险的能力。

在权衡其他生物增强剂的利弊方面，我们似乎已经达到了以上要求。例如，我们看到卡拉将酒精作为一种社交增强手段，与同事一起喝酒可以促进社会关系，并通过降低拘束感来改善关系。然而，她在工作面试前喝酒很可能会起反作用：因为在那种情况下，拘束感反而是有用的。

一个解决方案只有在解决了问题的情况下才是有效的。一个医生如果给腿部骨折的人使用物理治疗，将产生严重的医疗事故。但物理治疗本身并没有错：它在其他情况下或与其他治疗方式相结合时是一个有用的工具。

爱情药物可能会有被错用的风险。然而，这种风险可以通过加强公众教育来减轻，或者派受过培训的专业人员发放药物来减轻风险。当然，无论是否提供增强剂，我们都需要做更多工作，以提供一系列社会和财政支持，来保护家庭暴力的受害者。

福祉主义解读

什么时候使用增强手段是错误的？

本章介绍了一种福祉主义的观点。福祉主义观点将（人类福祉的）增强定义为"促使一个人在一系列相关环境中更有机会过上好日子的身体或心理变化"。

这有助于我们区分两种情况：一种是使用爱情药物来维护良好的伴侣关系以度过艰难的育儿岁月，第二种是使用药物来忍受虐待。增强并不代表一种自由放任，人们并不能借助增强手段来回避生活中的难题。例如：这个人适合我吗？这种恋爱关系是否满足我？同时，有些人因为经济不平等而困在虐待关系中不能自救，增强剂的出现也并不意味着社会可以回避解决这样的问题；也不意味着那些从婚姻中解脱出来以寻求幸福的人做出了错误的选择。但是，就像甜菜根汁可以帮助我们充分调动身体机能，或者一杯酒可以帮助我们与同事建立更好的联系一样，催产素喷雾剂可以帮助我们再次看清留在水槽里的碗碟，也能让我们对选择与之共度余生的爱人有更好的看法。

第6章 未来科技可以抑制潜在犯罪行为吗

加布里埃尔·德马科（Gabriel De Marco）

托马斯·道格拉斯（Thomas Douglas）

吉姆案

吉姆带着酒精饮料、安全套和一个旅行袋刚到一个无人看管的未成年人家中就被逮捕了。吉姆和该未成年人的线上聊天记录为法院提供了确凿的证据：吉姆这次和该未成年人会面的目的就是与其发生性关系。调查员在搜查吉姆的家庭电脑时还发现了儿童色情作品。吉姆被指控意图性虐儿童以及收藏儿童色情作品。他在法庭上受到了应有的审判，并被由其同龄人组成的陪审团认定两项罪名都存在。这已经不是他第一次因为企图性侵儿童被判有罪了。他以前就因为持有儿童色情作品被判有罪，还为此服过刑。

我们应该怎么处置吉姆呢？很显然，答案是我们应该让他坐牢。在这个案子中，大部分人认为对其处以监禁的惩罚是合理的，尽管人们对做出这种处罚的理由仍然存在分歧：

不管是为了使他无法接近潜在的受害者，还是为了防止其他人进行类似的犯罪行为，抑或只是为了确保他得到应有的惩罚。

但总有一天，吉姆会被释放。大多数人都认为罪犯服刑应有一个最高时限。有时候，罪犯所受惩罚可能并不合理，其所犯罪行不至于让其遭受如此严苛的惩罚。但是，我们会担心：吉姆一旦被释放可能会再犯罪。在狱中服刑可以很大程度上改变一个人，但是监禁并不能每次都成功地防止其再犯罪。实际上，监禁甚至可能带来反作用。要记得，吉姆以前就曾服过刑。基于此，有人认为刑事司法体系也应该做出一些改革，让吉姆改邪归正。

假设吉姆感到懊悔，第一次作案后他也曾感到懊悔。第二次被捕让他明白：对他来说只有懊悔显然是不够的。如果他想要改变，除了懊悔，他还需要帮助。我们应该为他提供帮助吗？答案应该是肯定的。吉姆干了坏事，想要改变，但是不知道怎么改。如果我们有可行的方法帮助吉姆改变，那么不把这些方法告诉他就似乎有些说不通了。即使有人并不把帮助吉姆改过自新放在心上，他大概率也会担心吉姆被释放后会不会进一步犯罪。

所以，我们要如何帮助吉姆改变呢？以下是一些我们可以尝试做的事情。假设我们可以给吉姆提供一种装置，这种装置可以在检测出他的一些不正常欲望时，释放出药物消除这些冲动。有人会觉得这种方法很奇怪，下意识地觉得这种方法有问题。利用技术解决犯罪这类社会问题，会让我们心生犹豫。但是再后来，我们会认为利用技术防止犯罪并不一定有问题。如果我们愿意使用较为常规的方式帮助吉姆改邪归正，那么我们也应该愿意使用一些技术手段来帮助他。

我们该拿吉姆怎么办呢

所以，我们该拿吉姆怎么办呢？也许我们可以让他在监禁期间参加一个教育项目，其中包括一系列课程。假设这些课程旨在帮助吉姆去思考自己的行为会带来的后果，去反思自己想成为哪种人，去全面提升自己的思维能力。假设吉姆在第一次服刑时就参加了这些课程。这些课程确实起到了一定作用，但显然不足以阻止他在被释放后再次犯罪。当吉姆被问及为什么教育项目帮助不大时，他说自己也不清楚，不过他对此有一些猜想。他发现自己在上课期间经常很难集中注意力，因此，他可能并不能按照自己的意愿尽可能多地吸收或记住展示板上的信息。

现在，假设我们有一种叫阿得拉（Adderall）的廉价药。这种药可以通过帮助吉姆在课上集中注意力，帮助他解决这个问题。如果我们能够为吉姆提供这种药和这一教育项目，吉姆在近期就可能会表现得更好，那么我们应该把这种药提供给吉姆吗？有人可能觉得吉姆不应该在没有医生处方的情况下就服用这种药。只有在医生对吉姆的临床症状进行评估，并将其症状确诊为多动症后（Attention Deficit Hyperactivity Disorder, ADHD），他才能获准服用阿得拉。或许他并没有这些症状，但是我们仍然觉得阿得拉有效。如果这种药能帮助吉姆从课上学到更多东西，那为什么不把药给他呢？

当人们反对那些没有处方或相应症状的人使用阿得拉时，他们自然想到与吉姆案截然不同的其他情况。比如，一种担忧是没有处方使用阿得拉是违法的。但是这在此显然不是一个问题，因为我们在探讨国家应该做什么，国家只需要让吉姆服用阿得拉变得合法即可。有人认为，大学生通过服用像阿得拉这样的药物提高成绩是有问题的，因为教育体系的目标之一就是根据学生的成绩对其进行评估，而服用所谓的"聪明药"干预了这一评估过程。这也使将来的雇主很难对应聘者做出真实可信的评估。而且，一些学生依靠服药，

而不是努力学习，取得比他人更优秀的成绩也不公平。我们
还担心，在成绩一样的情况下，比起那些没有服用阿得拉的
学生所取得的成绩，那些服药的学生取得的成绩就没那么有
价值了。

我们并不想在这个问题上纠缠不休，然而值得注意的
是，在改造罪犯的情境下，成绩并没有像在一般教育体系中
那样重要。在这里，我们主要关心的不是吉姆是否在评估中
得到应得的成绩，不是他是否在该教育项目中获得了他人没
有的有利条件，不是他的成就是否有价值（如果他能抑制自
己再次犯罪），也不是他在项目中的表现是否对其日后的雇
主而言是一个不错的参考指标。我们的主要目标是防止吉姆
再次犯罪，也可以说是帮助他成为一个更好的人。如果让他
服用阿得拉有助于实现这个目标，那显然我们就该为他提供
这种药。认为在没有医疗需要的情况下不应使用阿得拉这一
常规观点在此并不适用。

一个教育项目和一种像阿得拉的"聪明药"就够了
吗？当然，吉姆也许能够更好地意识到自己的行为带来的后
果——例如，自己的行为可能对受害者造成的长期影响。但
是，如何抑制他的（不良）动机是另一个难题。他的欲望是
其行为的主要驱动力，这似乎才是该问题的关键。即使他知

道自己的行为会造成什么后果，他可能也会因不够重视这些
结果而无法克服自己的欲望。也许他大部分时间是能意识到
的，但有时候还是会犯错。也许我们可以帮助他改变，或更
好地管理自己的动机状态——比如，他自身的恋童癖冲动和
对自身行为后果的关注。

现在我们假设，旨在提高吉姆思维能力的教育项目可
以辅助治疗，消除不良动机（如恋童癖）。一些治疗是为了
提高病人对自己思想和感情的控制力，比如帮助病人在酿成
大祸之前就意识到可能产生的后果并终止整个臆想的过程。
也许吉姆可以利用这些工具去学习识别可能经常引发不良行
为的冲动，并将这些冲动扼杀于萌芽中。这一切会帮助吉姆
更好地控制自己的思想，防止这种冲动变强然后彻底占据
脑海。

举个例子，当我们意识到自己的思想、感情或者冲动逐
渐不受控制，或者当我们感到不知所措时，有时候我们会使
用一种自控策略：闭上眼睛，深呼吸，可能再从1数到10。
这么做会让我们冷静下来，再次以大局为重，或者只是打破
恶性循环。我们很难解释这些策略是怎么起作用的。在此我
们进行了一些推测。研究表明，我们在特定时间内可以保持
的注意力是有限的，强迫自己去执行一项需要高度专注的任

务就意味着我们分配在其他事务上的注意力会减少。通过深呼吸，我们可以把注意力从愈发强烈的欲望以及使其变强的过程中收回来。也许，恰恰相反，是氧含量的变化起了重要作用；抑或是这个策略让我们以第三者的角度审视自己的精神状态，让我们在欲望高涨时更好地控制自己的精神状态。整个过程与我们的目的并无很强的关联性，吉姆有没有意识到整个过程也并不重要。许多被我们用来抵制欲望的策略都属于这种类型。这些策略不会涉及一套详细的推理过程，但会涉及某些被触发的过程（也就是我们不知道的内部机制），从而得到我们想要的结果。

假设我们为吉姆提供一种治疗方式，这种治疗方式包括一些教导和鼓励，鼓励他使用深呼吸等自控策略。这可能会为吉姆提供更好的改过机会，但是没人能保证这种方式一定有效。除了吉姆外，还有许多人也接受了该治疗，但他们在获释后仍会再次犯罪。这些策略为什么会失败？我们只需思考两个原因。

其中一个原因是像吉姆这样的人可能无法在采取有效措施之前识别这种冲动，或是根本不能识别这种冲动。现在我们假设科学家对大脑运作方式的研究一直在进步，已经达到了能监测人类大脑，并准确检测出这类冲动萌发的水平。科学家利用这种技术创造了一种吉姆可以随身携带的装置，这种装置会警告他冲动即将产生。吉姆携带这种装置的时候，这种装置能够检测出冲动的前兆，并通过手表震动对他发出警告。因为该装置能够在吉姆可能产生冲动时向其发出强烈的信号，所以他可以利用这种装置规避因无法及时识别冲动或对其做出反应而产生的风险。

我们认为可以为吉姆提供这种装置。设想一下，该装置不会与他人共享信息，手表的震动也只有吉姆能注意到。这种装置只是帮助吉姆增强在治疗中所学策略的使用效果，它可以让吉姆更有效地控制自己的冲动。

另一个原因是即便吉姆及时识别冲动并运用了所学策略来克制它，也仍然于事无补。也许这一次的冲动太过强烈，以至于这些手段无法有效缓解。也许诱发冲动的部分环境因素一直存在，并且愈演愈烈，使得所有手段统统失效。假如这个装置还有更多功能：它不但可以提前检测到冲动并向吉姆发送信号，而且还有一个按钮。吉姆一旦按下该按钮，这个装置就可以释放出消除冲动的药物。

所以当手表震动的时候，吉姆可以选择按下按钮给自己注射少量药物。他也可以将该装置设为自动模式。在这一模式下，该装置一旦检测出冲动前兆，就会释放药物，不需要任何操作。我们还可以进一步假设该药物是安全的，没有明显的副作用。

我们认为，可以为吉姆提供这种增效装置。很明显，两种装置之间存在显著差异。第一种装置让吉姆知道欲望可能产生的时间，从而允许他自主选用合适的策略。第二种装置让他结合自控策略服药或直接用药，但是，对于这种差异本身是否具有道德意义，我们表示怀疑。

让我们关注两种装置的相似性。两种装置都仅在不良冲动即将萌发时才会生效。两种装置的设计目的都是阻止冲动变强，或由冲动引发的不良行为。你可能觉得两种装置在实现目的的方式上存在显著差异。你也可能觉得药物是有问题的，因为它毫无作用，它无法让吉姆遵从自己的理智、不产生问题行为。然而，我们也无法确定像深呼吸这样的手段是否有效。我们可能仅仅是在根据效果选择策略。

你可能会因为一些人反对所谓的"动机增强剂"而反对该药物装置。动机增强剂旨在改良个人动机，比如帮助人们实现目标，包括成为更好的自己这一目标。很多关于使用动机增强剂的反对意见和关于使用上文提及的聪明药的反对意见有很多相似之处。一想到能够提升学生学习积极性或者增强运动员进步动力的动机增强剂，人们就倾向于认为使用这类增强剂会让学生或运动员的成绩贬值，而且对于其他学生或运动员也不公平。但是我们是要让吉姆改邪归正，并不是让他与人竞争，我们既不关心他是否配得上某些荣誉，也不关心他的成绩是否有价值。在让牢犯改邪归正的情境下，我们需要的是改正错误，所以这些反对意见根本站不住脚。

你可能还会担心吉姆会逐渐对这种装置产生依赖，因此，对欲望的自控能力也变得更差。对此，我们做出两点回应。首先，就避免再次犯罪而言，如果吉姆可以不受限地使用该装置，那么这根本就不成问题。只有在装置被拿走时，对装置的依赖才会成为问题。其次，如果吉姆有备选策略，我们不会觉得这是一条很有说服力的反对意见。假设吉姆没有用这种装置，而是和一名顾问或者牧师发展友谊或关系不错，那在这种情况下当他欲望变强的时候就可以靠这个顾问或牧师来帮助他冷静下来。几乎不会有人觉得用这种方法阻止再次犯罪有问题，也不会有人觉得他可能会逐渐变得太过依赖于他人，所以应和顾问或牧师保持距离。

你可能还有另一个担忧：当这个药物装置被设成自动模式时，吉姆这一行为主体在一定程度上就被排除在控制冲动的过程之外了，在某种程度上这也是个问题。当该装置处于自动状态时，吉姆什么都不用做，该装置就能检测出欲望萌发的前兆，并用药物消除欲望。我们应该承认，在装置消除欲望的整个过程中，吉姆是被动的。然而，我们并不认为这就意味着作为行为主体的吉姆不再参与其中。为了让装置变成自动模式，吉姆需要提前调整设置。我们可以将这一过程与行为主体可能用到的其他策略进行比较。比如，杰克（Jack）后来为了阻止自己以后醉驾，把自己的车钥匙给了朋友。朋友也同意如果杰克再喝醉，就不给他钥匙。再比如，由于吉尔（Jill）有时候会在去餐厅的路上被电子产品商店的新设备吸引，所以她经常在应约和朋友一起吃午饭时迟到。她决定，今后，在离开家后换一条略微不同的路线，从而避开电子产品商店，避开诱惑。当杰克和吉尔知道自己很难克制欲望时，他们都做了一些事情以确保之后不再产生某些欲望，或者不再遵从自己的欲望。我们觉得吉姆将装置设成自动模式是一种类似的情况。该案例实质是：他为了避免之后的某些行为而在现在就采取行动。因此，对于只要将装置设为自动模式，就意味着在重要的方面将吉姆这一行为主体排除在控制冲动的过程之外这一观点，我们并不认同。

结论

在本章开头，我们提到了一类几乎没有人觉得存在问题的教育项目。之后我们又通过介绍可能会提供给吉姆的一系列干预措施，步步深入，展开探讨。在每个案例中，我们都试图证明：至少在我们认可上述干预措施的前提下，很难找到不应采取上述干预措施的理由。这又把另一个观点摆在我们面前：如果我们接受该教育项目，那么我们就应该接受上述所有其他干预措施（当它们在技术上安全可行时）。这也就意味与当下相比，未来技术在刑事司法体系中将发挥更广泛的作用。

有人想推翻这一结论。他们会如何推翻这一结论呢？一种方法可能是完全相信自己的直觉。比如，一些人凭直觉认为：与用教育措施来解决犯罪问题相比，使用药物干预措施解决犯罪所产生的问题要大得多，所以我们必须承认这两者之间在伦理上存在差异，即便我们还不能证明这种差异存在的理性基础。我们认为这种说法没有说服力。毕竟，在历史上，许多人凭直觉认为奴隶制没有问题；在今天一些人仍凭直觉反对异族通婚，认为不应该允许女性走出家门工作。因为这些没有理性基础的直觉仅仅是偏见，所以我们没有人会在非理性的基础上将这些直觉视为可接受或不可接受的道德标示。或许，反对在刑事司法中更多地利用未来技术也只是偏见。

第二种方法可能是强调上述措施和其他措施之间的某些显著的道德差异，即一些被我们忽视的差异。第二种说辞看起来更可信。然而，要探索那些可能被我们忽视的差异究竟是什么是非常困难的。因此，在本章的最后，我们给读者提出以下挑战：要么给出一个在干预措施领域设限的充分理由，要么接受未来技术至少在预防犯罪方面有发挥广泛作用的巨大潜力这一事实。

第7章　人造子宫会让女性在堕胎时心安理得吗

多米尼克·威尔金森（Dominic Wilkinson）

莉迪娅·斯蒂法诺（Lydia Stefano）

时间来到2030年。

玛茜（Marci）怀孕的头三个月已过，进入妊娠期的第21周，她突然出现腹痛症状，随即去往医院。医生诊断她要早产，种种迹象表明胎儿可能随时降生。医生告诉她和她的伴侣，如果她进行自然的阴道分娩，即使有最好的医疗护理，她的孩子也会夭折。这在医学上被定义为流产。

然而，事情有转机，最近出现了一项新技术：胎儿经过剖宫产取出后，放入人造子宫的液体环境中生长至少4周，使其肺部和大脑在第二次"出生"前充分发育成熟。采用这种技术产下的胎儿将有可能发育到与母亲妊娠25周产下的胎儿一样的状态。大约80%的25周早产儿能够存活，大多数不会或只会落下相对轻微的残疾。从不利的方面来看，在怀孕早期进行剖宫产并不是没有风险。玛茜在未来妊娠中出现并发症的风险可能会增加：在今后每次生育过程中，她可能都需要进行剖宫产，并更有可能出现大出血或其他严重并发症。

人造子宫的伦理问题

上述案例中的科技会带来什么伦理问题呢？如果是为了给她的胎儿一线生机，玛茜是否有道德义务接受这项大手术？如果玛茜经过考虑，决定不做这个手术呢？这个过程有什么更广泛的伦理意义吗？如果超早产儿（那些妊娠期不足28周，提前三个月以上出生的胎儿）能够在这种形式的人造子宫中存活下来，这对堕胎会有怎样的影响？

一个世纪以来，小说家、电影人和哲学家一直在考虑人造子宫的可能性，也许最值得一提的是奥尔德斯·赫胥黎（Aldous Huxley）的科幻小说《美丽新世界》（*Brave New World*），其中有这样的描述：

在那里，在昏暗的红光里，胚胎躺在腹膜垫上，冒着蒸熏样的温热，饱餐着代血剂和激素长大，再长大。若是不幸中了毒，就会变作发育受阻的伊普西龙[①]（Epsilonhood）。

[①]　伊普西龙是小说作者杜撰的新词，在《美丽新世界》中，指代那些因为在处于胚胎形态时，被预先注入毒素而变得矮小愚钝的一类人。——译者注

瓶架发出轻微的嗡嗡声和轧轧声，那是新生命在艰难而缓慢地蠕动着，就这样度过了一周又一周。直到那一天，新换瓶的胎儿在换瓶室发出了第一声惊恐的哭喊。

在人工环境下，从胚胎到婴儿，让胎儿得以出生、存活的技术有时被称为"体外生育"（ectogenesis，ecto来自希腊语，意为外部或外面，genesis意为创造或生成）。很明显，体外生育将对社会结构以及男性和女性的角色定位产生根本性影响。女性将无须中断事业发展，专门抽出时间度过孕育过程，也不用承担怀孕时的身体负担，同时还可以免受并发症的折磨。同时，这项技术可以使那些因为身体上有某种缺陷或因为她们本身是变性人而没有正常子宫的女性以及同性男性伴侣，在不需要代孕的情况下生孩子。这可以将女性从各种形式的性别压迫中解放出来，将人们从生理上的束缚中解放出来。另外，一些女权主义者担心，这种潜在技术可能会破坏母亲角色的重要性，使自然生育成为一种奢侈，并降低妇女的生命价值。

在可预见的未来，体外生育现象可能仍处于科幻小说的范畴。但是本章开头提到的情形——玛茜的胎儿在妊娠中途被转移到一个人工子宫，可能在不远的将来就能实现。我们可以把这称为"体外妊娠"（ectogestation，ecto意为外部，gestation意为怀胎）。

几十年来，科学家一直在努力开发在模拟子宫环境中养护早产儿的技术。这种技术的潜在优势是可能会提高早产儿的存活率。在现行技术下，胎儿最早可以在妊娠22周时存活。在此之前，胎儿的肺部发育不全，无法呼吸，因此似乎不可能存活。此外，超早产儿很容易出现多种并发症，影响其健康和发育。

我们离体外妊娠还有多远？2017年，来自费城的研究人员在超早产的羔羊身上成功测试了一种被称为"生物袋"（biobag）的人造子宫。这样的羔羊通过剖宫产被立即转移到独立的生物袋中，通过人工胎盘接收氧气和营养，其肺部成熟度相当于人类妊娠23周的水平。羔羊将在人造子宫中继续生长发育长达一个月直到发育完全，然后研究人员将其从人造子宫中取出并给予常规医疗护理。此实验中的新生羔羊和在母体中自然孕育分娩的新生羔羊呈现类似的状态。费城的研究人员与世界上其他几个团体一起，正在继续开发人造子宫技术，他们计划在未来5到10年内在人类超早产儿身上进行试验。

体外妊娠不会从根本上改变女性的社会角色。这项技术如果可用，也只会用在极少数情况下（如玛茜所遭遇的情况），而且在前半段孕期，胎儿仍需在母亲腹中汲取营养。然而，它可能会在两个不同领域产生伦理影响。

体外妊娠和新生儿伦理

体外妊娠可能会改变人们对待早产儿的方式。

父母通常强烈希望医生和护士尽一切可能挽救早产状态下的胎儿。毫无疑问，这符合新生胎儿的最大利益。

然而，超早产儿即便得到了救治也大概率会夭折，即使存活下来，也极有可能会出现某种程度的终身残疾。在这种情况下，人们普遍认为，根据父母的意愿对早产儿进行积极抢救，或者对其采用姑息性舒适护理方法（接受他们可能会死亡的事实）是符合伦理的。这里有两个伦理临界点。前临界点是指，在该临界点之前尝试对早产儿进行医疗护理是不合理的（因为婴儿的存活率非常低）。后临界点是指，过了这一临界点后，不进行抢救是不合理的（因为婴儿的存活概率非常高）。而当婴儿处于两临界点之间时，父母的意愿对于决定是否救治婴儿则至关重要。在现行技术条件下，在撰写本章时（2020年），许多国家的标准是，前临界点是妊娠

22周左右，而后临界点是妊娠24周左右。

　　体外妊娠可能会使救治新生儿的前临界点进一步提前。这可能意味着在伦理上现在可以尝试救治那些以前无法存活的早产儿。因此，让玛茜21周的早产儿接受积极救治将成为一种选择。然而，由于体外妊娠实施手段的一个重要特征，体外妊娠技术并不一定会将后临界点提前（即在伦理上必须救治早产儿的时间点）。我们在上文中提到，目前救治早产儿的方法必然涉及剖宫产。而剖宫产则关系到胎儿在子宫内环境和子宫外环境之间生理功能的重大变化。正常情况下，当胎儿出生时，胎儿的血液循环发生了转变：从通过胎盘在血液中获得氧气和营养的方式突然过渡到通过肺部获得氧气，通过肠道获得营养。血液循环的变化有点像火车被换到另一条轨道，一旦发生就不容易逆转。在体外妊娠手术中，为了防止这种转换的发生，胎儿会直接（通过剖宫产）从子宫转移到人造子宫，胎儿将继续通过血液而不是肺部获得氧气。自然分娩很可能不会产生类似效果。

　　上文中提到，剖宫产（尤其是非常早期的剖宫产）对母亲有重大影响。因此，玛茜是否同意进行体外妊娠手术至关重要。如果玛茜决定不接受剖宫产，就不可能挽救她的孩子。母亲有可能拒绝接受这一手术意味着后临界点可能不会改变。即使通过剖宫产将胎儿转移到人造子宫中会大大提高早产儿的存活率，我们伦理上也不可能要求母亲必须这样做。世界上广泛接受的观点是，如果母亲有行为能力，她绝对有权拒绝产科干预，包括剖宫产，即使胎儿已经足月。这一观点显然适用于玛茜的情况。

如果技术进一步发展，玛西的孩子可以在自然分娩后被放入人造子宫中呢？这在医学上也许目前还是不可能实现的，但如果能够实现，与剖宫产有关的论点就不再适用了。如果一个自然分娩的20周或21周大的早产儿有80%的存活机会，父母可否拒绝胎儿接受救治？答案可能取决于其他几个因素。

第一，治疗会对父母产生什么负担？例如，如果治疗费用极其昂贵（而且要求父母支付），那么强迫他们接受这笔费用是不合理的。

第二，如果父母不愿意，医疗系统和广大社区是否有能力抚养孩子？如果社区不能支付孩子的治疗费用并收养孩子，违背父母的意愿进行治疗是不明智的。

第三，也是很重要的一点，20周或21周大的早产胎儿的道德地位是什么？他们的"利益"是否与发育更加完善的新生儿（例如25周的早产儿或足月的新生儿）的"利益"一样重要？

"利益"（interest）是一个哲学术语，指的是某人或某物受益或受伤害的程度。例如，如果某一个体有能力感知疼痛，他们就会受到疼痛刺激的伤害。他们的"利益"就在于免受这种刺激的伤害。一些哲学家认为，只有当我们有自我意识（即意识到我们自己和我们自己在一段时间内的存在）时，我们才有继续生存的"利益"。虽然我们很难确切知道胎儿的意识何时发展出来，但是21周大的胎儿极不可能有自我意识。如果20周或21周大的胎儿缺乏伦理意义上的"利益"，或者他们的"利益"比起发育更成熟的胎儿的"利益"没有那么重要，那么我们就应该给父母的治疗意见赋予更高的伦理权重。

体外妊娠与堕胎

关于妊娠中期胎儿的伦理地位问题也与另一个伦理问题高度相关，即终止妊娠（堕胎）的问题。

那么问题来了，体外妊娠是否会改变堕胎的决定和时间？设想在2030年，另一位名为玛克辛（Maxine）的女性在怀孕第21周时来医院要求堕胎，如果玛茜能选择体外妊娠来挽救她的胎儿，那玛克辛是否就不应选择堕胎，因为她们都是怀孕21周？

关于堕胎的伦理问题仍有很大争议，不同国家对此存在分歧。有些人认为，胎儿从受孕开始就具有完全的伦理地位。从这个角度来看，堕胎在道德上等同于杀死一个新生婴儿（或者，一个成年人）。根据这种观点，体外妊娠等技术的发展不会对堕胎的选择有任何影响，因为那些严格恪守生命高于一切信条的人认为，即使是怀孕初期，堕胎也是不道德的。持相反观点的人则认为女性对自己的健康和身体有绝对的发言权。即使胎儿具有完全的伦理地位，女性的决断权也是最主要的伦理考量。根据这样的观点，像体外妊娠这样的技术也不会对堕胎的伦理问题产生影响。

然而，许多国家在实践中，对于胎儿生命权和堕胎决断权孰轻孰重，人们采取了折中的立场，即允许怀孕早期的堕胎行为，但是在过了某个临界点后则严格禁止，甚至将其视为违法。各国在划定这个临界点时有所不同。一些司法管辖区将临界点与胎儿的生存能力相关联，甚至明确地或隐含地将其作为一个硬性指标，过了这个临界点，堕胎就是违法的（特别是在美国，有几个州堕胎的临界点直接以胎儿的 "生存能力"为标准）。在英国，只有在特定条件下母亲才获准允许终止24周后的妊娠，即妊娠期24周后不允许堕胎，除非有特殊情况。而在1990年之前，这个标准是28周。这个时间点提前了4周反映了超早产婴儿存活状况的变化。这种观点认为，对于"可存活"的胎儿来说，堕胎在伦理上是更加棘手的问题。

对于持有这种观点的人来说，体外妊娠的重要性更显著，因为它可能改变胎儿的生存能力临界点。但是该临界点很大程度上还是取决于我们对"生存能力"的理解，以及为什么生存能力与伦理价值相关。

通俗地说，"生存能力"就是指胎儿在母亲子宫外生存的能力。那我们说胎儿有生存能力的意思到底是胎儿有可能存活，还是非常可能存活？胎儿的存活是否取决于先进的技术（如体外妊娠技术或传统的新生儿重症监护），这一点重要吗？有些人可能认为胎儿的存活率大小会影响到胎儿的伦理地位。我们还有许多问题没有弄明白：为什么像体外妊娠这样的技术进步会改变人们对胎儿负有的道德义务呢？更重要的是，为何仅凭早产儿在子宫外的存活率就能决定胎儿在子宫内的去留（是否继续妊娠）？有些人可能认为，胎儿的伦理地位在其具有生存能力之前就存在了。另外一些人则认为即使胎儿具备了生存能力仍不具有伦理地位（因为胎儿在有生存能力前没有自我意识或因为母亲对自己的身体享有自主权）。我们也不清楚为什么生存能力本身会改变胎儿的伦理地位。

　　这里有另一种方式来证明生存能力与堕胎的相关性。人们之所以认为胎儿的生存能力很重要，继而肯定体外妊娠的价值，一个原因在于一致性在伦理思维中的重要作用（逻辑前后一致，不互相矛盾）。玛茜的胎儿在妊娠21周时接受抢救，而在医院的另一个地方，玛克辛的胎儿在妊娠的同一阶段被引产。上述情形可能会让一些人感到不安，他们可能认为，将堕胎临界点设定在新生儿具有生存能力的那一刻，是为了确保对胎儿的关注和对孕妇的关注（尤其是终止妊娠）是一致的。

　　一致性是一项重要的伦理原则。然而，如果限制女性对堕胎的选择权就是基于伦理一致性这一理由，那么获准堕胎的时间点还需与父母可以选择不救治胎儿的时间点一致，换句话说，堕胎的后临界点与必须救治早产儿的后临界点一致。如果孕期超过了后临界点，父母不再被允许放弃救治早产儿，则堕胎也应被限制或禁止。但是，如果这一思路是正确的，那么在像英国这样的国家中，体外妊娠则不应影响到堕胎的相关政策。前文提到，体外妊娠可能会使早产儿的救治前临界点进一步提前，使得救治更小的早产胎儿获得了道义上的价值。但是体外妊娠技术并不会改变救治后临界点，因为在伦理上必须救治早产儿的时间点不会受其影响。

　　如果体外妊娠的发展能促使孕妇的自主权和胎儿的权利并存，那么它可以作为一种堕胎的折中方案。如果玛克辛希望终止妊娠，那么可以将胎儿转移到人造子宫，然后再由另一对夫妇收养。但对于支持堕胎决断权者或支持胎儿生命权者来说，这种方案是否也是一种具有吸引力的折中方案，我们尚不得而知。存在的问题主要有以下三点。

　　第一，按照目前的设想，体外妊娠需要玛克辛接受一个大手术，这将对她未来的健康和生育产生重大风险。她可能希望终止妊娠，但也希望保留自然分娩的能力。在这种情况下，体外妊娠很难照顾到她的自主权。

　　第二，出生并转移到人造子宫的胎儿将有可能因早产而出现一些并发症（如前文所描述的，体外妊娠能减少但不消除风险）。胎儿也有可能在体外妊娠手术中受到伤害。

　　第三，体外妊娠的费用问题。传统的新生儿重症监护费用是非常昂贵的；超早产儿的终身医疗费用高达45万美元。而体外妊娠费用可能同样昂贵，甚至更高。

　　谁将承担这笔费用？如果要求玛克辛承担，这可能会给考虑终止妊娠的女性带来巨大的经济负担。如果社会要承担这些费用，那么则需考虑是否值得为了降低该孕期阶段本就相对较小的堕胎率而付出高昂的医疗费。这使我们回到了21

周大的胎儿的伦理地位问题。你认为使用有限的医疗资源来挽救一个妊娠中期胎儿的生命是否合理？如果这样的胎儿在伦理上具有完全的（与成人一样的）地位，也许不资助髋关节手术或其他医疗措施，而将有限的医疗资源用以拯救他们是合理的。然而，如果胎儿在伦理上没有地位或者不具有完全地位，那么将稀缺的医疗资源用于此目的就是一个严重的错误。

结论

体外妊娠如果成为现实，则为拯救或改善超早产儿（妊娠期几乎没有过半的胎儿）的生命或福祉提供了非同寻常的可能性。但就像生殖医学和新生儿护理方面的发展过程一样，体外妊娠肯定也会面临挑战性的伦理问题。在实际的伦理学中，考虑未来可能开发的技术的伦理影响具有实践意义。这有时会衍生出新的伦理概念和问题。然而，在许多情况下，这些概念和问题在日后会被发现似曾相识。人造子宫和体外妊娠的核心伦理问题归根到底在于早产胎儿的伦理地位。这一令人困扰的问题不应成为我们放弃体外妊娠的理由。相反，体外妊娠应该成为伦理分析的一个主题，在分析中我们要找出它与现有相关伦理辩论的联系和重叠之处。

第8章 基因免疫是未来"疫苗"吗

苔丝·约翰逊（Tess Johnson）

阿尔贝托·朱比利尼（Alberto Giubilini）

假如你可以保证自己的孩子对新冠肺炎或是麻疹这类严重的传染病免疫，那么你需要回答以下三个问题：

（1）你会这么做吗？

（2）你有道德义务这么做吗？

（3）如果你没有这么做，那么你应该为此负责吗？

这些提问本来就让人感觉非常模棱两可。许多人很可能会这么回答：视情况而定。也许获得免疫力并不是唯一要紧的事情。实现免疫有多难呢？可以通过自然手段实现免疫吗？是在产前还是产后采取干预措施呢？这种干预措施存在风险吗？我们应该有所作为还是顺其自然（不作为）？

以疫苗为例，一方面来看，本质上疫苗都是自然存在的物质（例如，疫苗中含有毒性已经被削弱或者说致病能力已经被消除的病毒）；但是从另一方面来看，疫苗又不是自然存在的物质，因为它们产自实验室。坚持自然生活方式的人可能会因为其非自然属性而抵制疫苗，此外，疫苗对于某些人存在风险，这足以成为人们抵制疫苗的理由。一些父母宁愿自己的孩子感染疾病（这是不接种疫苗的结果，也就是一种不作为）也不愿意让孩子接种疫苗（一种作为，干预行为）。比起让孩子接种疫苗，一些父母更愿意依赖"群体免疫"，也就是由于大部分人接种了疫苗，传染病无法传播，自己的孩子便可以受到保护。以上这些想法都会影响我们对上述三个问题的回答，而这些想法还仅仅是与接种疫苗相关。

但是下面探讨的问题比这还要复杂：不是在出生后通过接种疫苗让孩子获得免疫力，而是在出生前就采取干预措施让孩子获得免疫力，这个方案如何？假如我们发现苹果中存在某种天然物质，只要孕妇摄入足量，这种物质便会以某种方式改变胎儿的基因，让孩子的免疫系统在未来可以抵御某些传染病。如果孕妇多吃苹果，孩子出生后便无须再接种疫苗，那她们有道德义务这么做吗？如果我们觉得孕妇在怀孕期间有责任摄入叶酸（可以预防婴儿天生缺陷），那么照这个思路推理就会得出如下结论：如果孕妇一天吃两个苹果，孩子出生后就可以获得免疫力，那她们就有责任这么做。这个结论似乎是合理的。事实上，在出生前采取干预措施，有所行动而不是无所作为，这一观点在该案例中似乎很难反驳。

现在考虑一下另一种干预措施：也就是在胚胎阶段运用基因编辑技术修改胚胎的DNA，为孩子日后的免疫系统进行基因编码。改变后的基因可以代代相传，因为这些基因在胚胎的生殖细胞与身体中的其他细胞分离之前就已经被改变了。假设这项基因工程可以像我们前面提到的苹果一样改变免疫系统。基因编辑技术事实上已经被用于改善免疫系统了：科学家利用基因编辑技术增加能够杀灭细菌的蛋白质基因序列，最终育种出了抗乳腺炎病毒的牛。该技术已经取得进步，而且原则上也可以用于帮助人类预防某些传染病。如果人类和动物从出生便可对某些疾病免疫，那么对疫苗和抗生素的需求便会减少。此外，还会产生其他积极影响，比如：有助于抵制某些传染病毒株针对杀毒药物产生的"抗药性"。

这些干预措施听起来可能像科幻小说，但是它们可能即将成为现实。事实上，早在2018年，中国科学家贺建奎就首次将基因编辑技术应用于婴儿。他声称自己已经设法编辑胚胎的基因，让他们抵制艾滋病病毒。虽然整个医学界都认为该实验既不安全又不道德（部分原因在于无法得知这次基因编辑涉及的风险），但是这一实验至少揭示了一种可能性：如果我们利用基因编辑技术获得免疫力，那么我们就有可能消灭掉那些如今还在威胁人类的传染病了。基因编辑技术是一种提高孩子免疫力的方式，如果这项技术在经过改进和适当的道德评估后向公众开放，那么它就可能变得和疫苗一样重要，甚至成为比疫苗更受欢迎的免疫手段。我们把这种技术叫作"基因免疫"。

在本章，我们想参考最初提到的三个问题来研判一下基因免疫的伦理道德标准。我们将对疫苗接种和基因免疫进行比较，看一看不同的干预措施是不是针对这三个问题提供了不同的答案。如果它们没有提供不同的答案，那么那些给孩子接种疫苗的父母，那些觉得有道德义务给孩子接种疫苗的父母，以及那些认为应该制定政策让不给孩子接种疫苗的父母为其行为承担后果的人，就可以主张同样的道理也适用于基因免疫。

关于疫苗接种的伦理

关于要不要给孩子接种疫苗以及怎么给孩子接种疫苗，人们之所以会产生分歧通常是因为他们持有不同的、有时在事实上是错误的看法。绝大多数人，从反对疫苗的人到比较了解科学也比较了解疫苗好处的人，都觉得从道德上讲父母有责任保护孩子的健康。分歧在于如何实现这一点。一些人认为疫苗是无效的甚至是有害的，另一些人认为一些传染病不是特别危险；不过，大部人还是认为父母有责任保护孩子的健康。如果是这样的话，假设疫苗风险极低、效益显著又极易获得，父母却不能让孩子接种疫苗以抵御某些传染病，那就好比父母无法为孩子提供充足的营养让他们保持健康。一些人进而可能会说不给孩子接种疫苗的父母是要在道德上受到谴责的，即便孩子没有得传染病，父母也要受到道德谴责，因为他们让孩子遭受了本可以预防的患病风险。一旦父母确保孩子受到直接的（通过疫苗接种）或间接的（通过群体免疫）保护，他们就履行了父母对孩子健康所应负的责任。

父母通常会在某些非强制性的政府行为或是社会压力的激励下履行自己的职责。比如，即使大多数政府不会强制接种疫苗，也会通过提供精准信息或者补贴特定疫苗来推广疫苗接种。我们可以把父母对孩子负责以及政府政策倡导父母对孩子负责的行为理解成家长责任，家长责任是指某些人（在本案例中是孩子）应该受到保护，无论他们本人同意与

否（直接的家长责任），也无论对他们负责的人同意与否
（间接的家长责任）。但是还有另一个原因：我们希望父母
为孩子的健康提供保障，不仅是因为这样做符合孩子利益至
上的道德要求，也因为我们希望保护公共健康并促进公共卫
生事业发展。可以说，给孩子接种疫苗对于维护群体免疫力
做出了重大贡献。共同责任意味着为了社区的利益让我们的
孩子接种疫苗是我们显而易见应尽的义务，甚至高于我们作
为父母对自己孩子所负有的个人责任。

对孩子进行基因免疫也会像给孩子接种疫苗一样，成为
对父母的道德要求吗?

疫苗接种和基因免疫的异同

目标

疫苗接种政策旨在保护个人，减少某些传染病在社会上
的传播。这不仅有助于提高个体和群众的健康水平而且有助
于提高生产力和经济发展水平。对于疫苗接种率低的国家，
如美国，仅是一次季节性流感就导致国民生产总值损失约
453亿美元。只要提高疫苗接种率，这一损失至少能减少100
亿美元。

基因免疫可以取得和疫苗接种一样的成果，旨在实现同样的目标——通过提高细胞的免疫能力，有效应对感染，进而减少疾病传播。

干预措施的本质：基因改造和增强

基因免疫涉及直接进行基因改造（我们假设这种做法是安全的）。对于直接通过基因改造或者是吃苹果获得免疫力，而不是通过接种疫苗获得免疫力这种做法，父母的责任和社会的责任有什么不同吗？苹果是否通过改变基因表达或者通过改变胎儿的免疫细胞来增强免疫力，似乎与道德无关。如此看来，在我们将基因免疫和疫苗接种进行比较时，从道德上来讲直接进行基因改造似乎和接种疫苗没什么区别。

那么这两种干预措施是属于增强措施，还是预防措施呢？一些人认为增强措施要么根本不被允许，要么社会对它的接受度低于常规治疗方案。疫苗接种可以被视为一种预防措施，也可以被视为一种增强手段，这取决于人们如何理解"人类增强"这一概念。疫苗接种是一种预防措施，因为其并没有治愈疾病而是让人们获得了一种防止患病的免疫能力。从这层意义上来讲，疫苗接种和基因免疫都是一种预防措施。但是疫苗接种也可以被称作增强手段，因为未接种的人群并非天生具有免疫力，除非他们通过感染获得了免疫力。由此看来，基因免疫也是一种增强手段。如果将疫苗接种归为一种增强手段并没有使它在伦理上难以让人接受，那基因免疫也是一样的道理。

对于将基因免疫归为增强手段，人们表示担忧是因为基因免疫可能会成为"优生学"的新型表现形式。在贺建奎宣布两个经过基因编辑的婴儿诞生时，人们纷纷表示了这种担忧。一般情况下，"优生学"这一类比方法是用来反对人类增强手段的常用策略。这种方法将如今提议的增强手段与20世纪上半叶纳粹德国和其他地方的做法进行了类比。由于那段黑暗的历史，"优生学"这个词现在有了负面含义，但是只要我们看一下这个词的字面意思（"出生良好"）就可以得知这个词的本义并不是负面的。从定义上来看，通过利用我们的基因学和遗传学知识让人类在某些方面变得更好是一件好事。分歧在于"良好"和"更好"的意思（比如，某些残疾人是否可以过上美好的生活）以及可以采纳哪些手段让人类变得"更好"。优生学贬低了那些不具备某些理想特征的人，这会产生一系列问题，比如伦理问题。如果一个国家强制实施某一措施，将某种特定的生活方式强加于个体公民或者剥夺个体公民的生育自由甚至是生活自由，那么也会产生一系列问题。

　　我们再仔细思考一下疫苗接种和基因免疫这两种措施。贬低特定的群体既不是使人们获得免疫力的目的，也不是使人们获得免疫力引发的不良影响。当国家推行麻疹疫苗接种政策时，没人会觉得这对那些麻疹患者来说是一种歧视。就像让儿童接种疫苗一样，通过基因编辑使儿童获得传染病免疫力并不会对没有免疫力的人构成歧视。

　　关于国家运用权力这一点，人们的争论更激烈。强制推行基因免疫和强制接种疫苗的理由是一样的，至少在该技术使用成本相对低廉，且容易为已经打算体外受精的准父母所利用的情况下，强制推行基因免疫是合理的。也有人可能会觉得这种行为具有强制性和胁迫性，威胁到了人们的自由。

　　针对这种担忧，我们做出了以下两点回应。

　　首先，如果我们主要是担心国家强制进行基因免疫会限制个体自由，那么简单的回应就是接受基因免疫虽然本身是一件好事甚至是一项道德义务，但它不应该是强制性的，同样疫苗接种也不应该是强制性的。当然，即便进行基因免疫不是一项法定义务，许多人出于父母的责任感也愿意让自己的孩子接受基因免疫。

　　其次，并不是所有的国家强制措施都是错误的，即便这些措施会威胁到个人自由。检疫隔离、接种疫苗、合理分配稀缺的医疗资源、征税等强制措施，虽然威胁到了个人自由，但一般人们都会觉得这些措施是可以接受的。国家应该创设条件，让个体产生自己的价值观，追求自己的生活目标，只要这些价值观不威胁到他人追求平等自由的权利就没问题。

强制接种疫苗或强制推行基因免疫是将国家的价值理念强加于公民吗？群体免疫和良好的公共卫生环境本质上是公民可以追求个人目标和价值的前提条件。免于感染疾病是一种与健康相关的福祉，服务于人们对其他目标的追求。如果这种说法是正确的，那反对优生学的意见就失去了说服力。

干预阶段

也许产前干预和产后干预在道德上具有差异性。比如，基因免疫是一种产前干预措施。我们可能会问，父母的责任会因此有所不同吗？

然而，假如在未来基因免疫是一项容易为人所用的技术且成本不会太高，那么进行基因免疫似乎就成了父母难以推卸的责任，就像孕妇在怀孕期间有责任吃可预防疾病的苹果一样。同理，只要产前干预措施是安全的，并且不会给孕妇带来沉重的负担，那么产前吃苹果和产后接种疫苗这两种干预措施在道德上似乎并无区别。

然而，沉重的经济负担可能会限制接受基因免疫的群体范围。基因免疫技术要求准备生育的父母利用体外受精的方式孕育胎儿。而这会涉及侵入性操作，需要通过过度刺激卵巢来产卵，对于很多准妈妈来说，从伦理上来讲这一过程代价太大。如果是这样，我们就应该将基因免疫的调查研究锁定在某些案例上，在这些案例中，准备生育的父母已经选择接受体外受精的方式来孕育胎儿。

持续干预

我们也应该考虑持续干预。基因免疫是一种可遗传的基因改造技术，使用该技术可以将变化后的基因遗传给后代。假设我们关注的这种基因免疫技术是安全的，唯一的变化就是个体及其后代对某些疾病具有了免疫力。假如，基因免疫普及率很高，所以未来全球大部分人都可以免受麻疹的感染，可以取得和接种相关疫苗一致的效果，那么在未来利用基因免疫技术遏制传染病的传播有问题吗？进行疫苗接种的终极目的就是让人们对某些传染病永久免疫。安全又可遗传的基因免疫可以产生和疫苗接种一样的甚至更长久的效果。即便从道德上来讲基因免疫不是更好的选择，对于后代而言，其至少也是可以等同于疫苗接种的选择。

身体完整性

身体完整性是反对接种疫苗尤其是强制接种疫苗的常见理由。一种观点是强迫人们接种疫苗破坏了他们的身体完整性，是十分粗暴的行为。人们有权利不让自己的身体受到干预，尤其是太具侵入性的干预操作，而强制接种疫苗侵犯了人们的身体完整权。

即便这条控诉有一定道理，但它不一定绝对正确。一个令人信服的说法是：疫苗的好处超过了针剂注射对身体造成的微不足道的破坏。无论如何，本次讨论的目的，也就是讨论的真正问题在于明确疫苗接种和基因免疫是否对身体完整性构成了不同程度的威胁。

在基因免疫的案例中，被干预的机体是一个胚胎，胚胎有没有成形及其完整性会不会遭到破坏尚不明确。有人可能认为基因免疫改变了胎儿的基因，在这个过程中该技术破坏了胎儿的机体。但是即便这种说法是有道理的，胎儿的基因变化和接种疫苗带来的变化也是一样的。唯一的区别在于前者涉及改变基因而后者涉及改变细胞。就对身体完整性造成的破坏程度而言，基因免疫并不会比疫苗接种更严重。

可选择的措施和成本

基因免疫和疫苗接种在成本和可获得性上是不一样的。乍一看，由于疫苗具有便携性，而且疫苗接种对于设备和专业知识的要求不高，所以疫苗接种似乎是一种更有效的免疫手段。基因免疫要求在体外受精的情况下进行，会产生很多相关费用，又需要专业的设备和人才。然而，即便是在疫苗比较容易获得的高收入国家，疫苗接种也并非是总能达到免疫效果的一种选择。一些人会对特定的疫苗产生不良反应（如过敏），另一些人年龄太小还不能接种疫苗，因而在几个月内或几年内无法获得直接保护，而且并不存在100%有效的疫苗。在这种情况下，比起通过疫苗接种获得免疫力，人们更希望生来就有免疫力。

两种干预措施的成本是怎样的呢？就两种干预措施的单次成本而言，经预测，基因免疫要比疫苗接种更昂贵。然而，基因免疫的成本在未来可能会下降，而且由于免疫力可以遗传给后代，基因免疫的个人成本便可以和后代分摊，这样一来，就与每个人都接种疫苗的成本相当，甚至要低一些。而且，从长远来看，这种干预措施会减少对抗生素的需求，进而也会减弱抗生素耐药性的影响。

有效性

虽然通过基因免疫获得的免疫力是可遗传的（不像通过疫苗接种获得的免疫力那样不能遗传），但这种可遗传不一定能提升该干预措施的有效性。毒株会随着时间的推移不断演化，所以一旦疾病在代与代之间发生显著变化，基因免疫可能就失效了。不过疫苗接种同样如此。我们需要一直研发新疫苗来应对像流感病毒这样快速演化的毒株。与此同时，对于演化速度慢的疾病，我们依然可以看到代际遗传免疫力的好处。比如，我们会想到对多种药物都具有耐药性的结核病。新生儿接种的杆菌卡介苗仍然是一种为数不多的、可以有效预防结核病（非肺源性）的疫苗。该疫苗在1921年首次被投入使用，100年过去了它依然有效。虽然基因免疫就像疫苗接种一样无法有效预防快速演化的疾病，但是我们还是可以相信该技术就像疫苗一样，在每一代人中同样可以产生有效的免疫作用。

这些相似性和差异性意味着什么

如果疫苗接种是一项道德义务也理应成为一种强制行为，那么我们认为，父母会给孩子进行基因免疫也应该给孩子进行基因免疫。然而，任何强制性政策都应该仅限用于那些已经接受体外受精的群体，否则施加给准妈妈的负担就太重了。针对基因免疫的成本过高这一问题，因为由此获得的免疫力可以延续给后代，基因免疫的个人成本便可以和后代分摊。有人可能认为人们有责任照顾好自己，让自己保持身体健康，但是国家没理由强迫他们对自己和孩子履行这一职责，尤其是在成本高昂的情况下。但是如果我们可以想到一个办法，就像我们目前实施的疫苗接种计划一样，对基因免疫进行补贴，那么就不存在成本问题了。这可能也意味着如果接受体外受精的父母没有给即将出世的孩子进行基因免疫，那么他们就需要为此负责。

提到基因免疫技术的可获得性，我们需要面对现实：在世界的某些地方，人们可能无法进行基因免疫。虽然对那些可以利用该技术的人来说，这一现状并不会降低对他们实施基因免疫的道德要求，但这意味着在全面推进疫苗接种向基因免疫转化的过程中，我们需要明确疫苗的研发和分配过程依然不容忽视。疫苗研发在之后的许多年里仍然很重要，对于那些尚未打算接受体外受精的准父母来说，疫苗接种仍然是替代基因免疫的必备选择。

基因免疫是新型疫苗吗

如果父母会给孩子接种疫苗也该给孩子接种疫苗，如果父母应该为没给孩子接种疫苗负责，那对于基因免疫也是如此吗？

总体而言，我们认为基因免疫不是新型疫苗。基因免疫肯定不能代替现在的疫苗。尽管有人已经提出警示，但是基因免疫仍然是一种在道德上合理，且有望代替传统疫苗的新方案。当然我们必须继续支持疫苗接种，不过对于已经接受体外受精的父母来说，基因免疫可能就是一种新型疫苗。如果是这样，就像疫苗接种一样，父母也应该为基因免疫负同样的责任，以便在未来造福子女和整个社会。

第9章　基因组编辑技术符合动物伦理吗

卡特里恩·德沃尔德（Katrien Devolder）

最近发展起来的基因组编辑技术可以让科学家们精准改变家畜的基因组。这一进步对人类和动物而言都是有利的。如果基因组编辑技术能够创造这样一种双赢局面，那么我们应该在家畜育种中应用这项技术吗？

无角牛

大部分品种的奶牛都长角。这些牛会撞伤其他牛，也会伤到跟它们打交道的饲养者。为了预防这类伤害事故，饲养者通常会把烧红的烙铁放在小牛犊的角芽上从而让他们丧失长角的能力。对于小牛犊来说，这是一个十分痛苦的过程，而且还会对它们的健康造成长期的不利影响。

某些品种的牛不长角，是由其基因决定的。最近发展起来的基因组编辑技术可以精准改变有机体的基因组。科学家利用这一技术将"无角"性状基因植入长角奶牛的卵细胞或受精卵（早期的胚胎）中，最终育种出无角牛，一代牛犊及其后代都是无角的，因为无角已成为显性性状。于是，牛犊便可免受除角之苦，也可避免除角造成的长期不利影响。

抗病猪

全球每年饲养和宰杀的生猪多达10亿多头，数量庞大，而这些猪一直在遭受传染病的威胁。以非洲猪瘟为例，这种病由病毒感染所致，目前既没有针对性的治疗方案也没有相应的疫苗，属于一种致命疾病。仅在2019年，为了防止其传播就宰杀了100多万头猪。另一种由病毒造成的致命疾病是蓝耳病，学名猪繁殖与呼吸综合征（PRRS），这种病会导致猪无法繁殖，染上肺炎，然后大批死亡。仅在欧洲，这一疾病每年造成的经济损失就预计高达15亿欧元左右。

利用基因组编辑技术和特别流行的CRISPR-Cas9[1]技术育种的猪似乎可以抵抗蓝耳病，也有可能抵抗非洲猪瘟。虽然猪还是可能染上这些病，但是这些疾病对它们的影响不再那么大了。

双赢局面

我们应该利用基因组编辑技术育种无角牛和抗病猪吗？乍一看，这项技术会创造这样的双赢局面：首先，这项技术对养殖者是有好处的，因为这可以为其挽回巨额经济损失；其次，这项技术对动物也有好处，因为它有助于预防重大疾病。但是很多人要么反对利用基因组编辑技术进行家畜育种，要么就深深怀疑这一技术的可行性。尽管利用基因组编辑技术进行家畜育种对人类和动物都有好处，人们对此还是忧心忡忡。在这一章，我将针对人们最担心的问题展开讨论。而且我讨论的是人类和动物都受益的情况，对于该技术应用仅仅为人类带来的好处（比如利用基因组编辑技术进行家畜育种可以让家畜长得更肥，提高单位家畜的产肉量）我将不在此赘述。

逾越自然的边界

人们一直存在如下担忧：应用基因组编辑技术（以及所有涉及基因改造的技术）逾越了人类的科研边界。这些边界被公认为是由自然（应用基因组编辑技术之所以是错的是因为其是"非自然"手段）设定的。

逾越某些自然边界会怎样呢？一旦我们意识到自己一直在做逾越自然边界的事（比如穿衣服、用手机和电脑、通过化疗治疗癌症），反对（逾越自然边界）的意见便难以服众。为了提出有说服力的反对意见，我们需要明确"非自然"的含义（是人工的意思？还是罕见的意思？抑或是陌生的意思？）；我们需要解释一下为什么这种非自然现象是存在道德问题的；我们还需要解释为什么只有基因组编辑技术是非自然的，而我们认可的其他领域（如主流医学或者太空旅行）并非如此。但是我们很难这么做，尤其是在农业中，因为现在的牛和猪都是几千年来优选优育和各种技术应用（如体外受精和克隆技术）的成果，从表面来看，这些做法本身似乎就是非自然的。显然基因组编辑技术并没有让现在的牛和猪变得更加不自然，它们早就与"自然状态"相差甚远了。而且，在无角牛和抗非洲猪瘟猪的案例中，这些无角和抗病遗传性状是自然存在于某些品种的牛和疣猪中的。在抗蓝耳病猪的案例中，CRISPR-Cas9被用于清除某种蛋白质的一小部分，没有加入任何物质。因此，在深思熟虑后，为了让家畜健康成长，我们要么利用技术清除其体内的少量蛋白质，要么添加自然中已经存在的某种蛋白质。在这种情况下，那些以"非自然"为由反对利用基因组编辑技术的人便难以阐述出更有说服力的反对理由了。

风险大

一些人反对利用基因组编辑技术可能是因其风险太大。基因组编辑技术可能会创造一种双赢的局面，但是我们并不能保证一定会成功。该技术的应用也可能会产生偏离目标的效果，比如基因组的其他地方产生意料之外的效应。我们可能试图阻止角的发育最终却引发疾病。如果克隆是基因组编辑技术中的一部分，那么可能还有其他风险，比如我们改变胚胎的基因后流产风险会变大。另一些人对人类面临的风险表示担忧。研究者在两头基因组被编辑过的牛犊体内发现了抗生素抗性基因。因为这些基因存在于牛犊的大部分细胞中，所以它们传播到细菌上的风险极高，从而使细菌产生强抗药性；反过来，这些细菌可能会通过直接接触、食物制备、食用过程及环境中的排泄物等传播给人类。这会对人类的身体健康造成严重威胁，因为这些细菌造成的感染十分严重，可能无法治愈。

尽管安全问题很重要，但是这些问题可能会随着研究的发展都被解决掉。研究者通过一步步指导研究、进行调查并改进技术，可以极大地降低人类和家畜可能承受的风险。如果技术最终够安全，那我们剩下的问题便是应不应该将其用于育种无角牛和抗病猪。

缺乏尊重

一些人觉得对家畜进行基因组编辑是对动物缺乏尊重的表现。不过这到底意味着什么？尊重本身是一个需要加以解释的晦涩概念。更加复杂的事实在于基因组编辑是在动物出生前进行的。

在我们讨论尊重的时候，脑海中会浮现出"动物的内在价值"这种概念。受18世纪德国哲学家伊曼努尔·康德（Immanuel Kant）的启发，现在的哲学家们可能会觉得将动物当成实现某个群体目标的工具是不对的。然而，我们在这里所讨论的基因组编辑技术的应用，并不涉及把动物视为工具，而这么做目的也是提升动物的健康水平。所以，在基因组编辑技术的应用过程中，动物的福祉是被当作"终极目的"来对待的。比起目前工业化农场（主）的所作所为（只有在肉制品、奶制品和鸡蛋的产量和质量受到影响时，才会关心动物的健康和福利），将基因组编辑技术应用于动物身上似乎才是对动物更尊重的表现。

在关于尊重动物（权益）的辩论中，出现了另一个概念"终极目的"，即个体的内在目标。美国哲学家伯纳德·罗琳（Bernard Rollin）曾将这一概念用于动物身上，这已是大家耳熟能详的事情了。罗琳对这一概念是这样理解的：动物身上有一些独特的、由进化决定的、经过基因编码又由环境塑造的需求和兴趣，正是这些需求和兴趣促使我们探讨的动物具有了特性；比如，猪具有"猪性"，狗具有"狗性"，其他动物具有其他动物的特性。根据罗琳的说法，我们阻止动物实现自己的"终极目的"就是对动物的不尊重。但是育种无角牛和抗病猪并没有让牛丧失牛性、让猪丧失猪性（与没有经过基因组编辑的同类种群相比）。在无角牛的案例中，牛用其他方式也可以除角，只不过必须经历一个痛苦的去角芽过程。

也许这样的对比（拿基因组被编辑过的牛和如今农场里的普通牛进行对比）没有抓住重点。也许我们反而应该针对由非工业化农场构成的世界展开想象和讨论？在我看来，这就需要我们思考最后一点，也就是在将基因组编辑技术应用于家畜育种时最关键的一点。

技术修复

一些人反对育种抗病猪和无角牛并不是因为基因组编辑技术本身是错误的，或者因为该技术的应用是对动物不尊重的表现，而是因为这是一种错误的解决方案。也有一些人觉得该技术应用只能算是"技术修复"，只解决了表面问题，却没有解决真正问题或根本问题（比如：虐待动物问题以及促使我们经营工业化农场的社会经济结构问题）。

这种反对观点具有说服力吗？

毋庸置疑，人类还是只把猪和其他家畜当成一种可利用的资源，育种抗病猪并没有解决这个普遍存在的问题。但是我们往往会接受没解决根本问题的多种技术修复。比如：降低胆固醇的药物并没有解决人们饮食不健康这一问题，在工厂的大烟囱里放置过滤器也没有解决污染环境的工厂仍然存在这个问题。只要人类明确某项技术修复所要达到的目标，那么即使它只解决了一个小问题或是问题的一部分，（并没有解决真正问题或根本问题）也不能说明这项技术修复本身存在问题。

人们可能不仅担心基因组编辑技术无法解决根本问题，而且还担心它会让本来要修正的问题更严重。一个有机农场主对此表示担忧，这样说道：

如果基因组编辑技术可以用来抵御疾病，那么各个公司就不会有动力改变猪的养殖方式从而让猪一开始就不会生病，这样一来，基因组编辑技术的应用就是有问题的，并不能成为一个解决方案。

这些人似乎是这么想的：如果可以利用基因组编辑技术育种抗病猪，那人们就不会在道德的约束下自觉加大猪的间隔距离，防止传染病传播。

除此之外，人们可能还担心基因组编辑技术不仅会打消人们加大猪的间隔距离的念头，还会削弱人们彻底放弃发展工业化农场的动机。可以说，基因组编辑技术在家畜育种中的应用会让我们难以摆脱存在道德问题的农业体系，而这样的农业体系造成了诸多全球问题，比如：许多动物饱受折磨、污染问题日益严重、传染病在动物和人类之间广泛传播、气候变化愈演愈烈，等等。所以利用基因组编辑技术并不是理想的解决方案，理想的解决方案应该是彻底废除工业化农场。

不过，这就出现了以下两个问题。首先，基因组编辑技

术会像人们所想的那样阻碍我们寻找更好的解决方案吗？其
次，如果是这样，这是否足以说明我们不应该利用基因组编
辑技术呢？

基因组编辑技术是否阻碍我们寻找更好的解决方案，这
是个难以回答的问题。猪会因为多重原因被关在封闭的环境
中。目前，家畜患病可能带来的威胁似乎并不会促使人们对
工业化农场中的动物进行隔离，所以通过基因组编辑技术让
动物能够抵御疾病似乎并不会影响它们的饲养环境。

那么利用激励措施来鼓励人们彻底放弃经营工业化农
场怎么样呢？这个方案似乎更难评估。工业化农场引发新的
疫病（可能是比新冠肺炎还要糟糕的疫病）似乎只是时间问
题。如果说可能还存在一种能够阻止工业化农场发展的东
西，那就是人们对这类疫病的恐惧。但是如果基因组编辑技
术可以防止家畜滋生传染病，那我们就不会有这种恐惧了。
因此，该观点认为我们将没有理由再减少对工业化农场的
依赖。

当然这一观点是有依据的。该观点在某种程度上与基因
组编辑技术也有关。虽然所有可能改善动物福祉的措施（甚
至是为鸡提供更大的笼子）都可能推迟废除工业化农场的进
程，但是选择利用基因组编辑技术的风险似乎更大。提供更

大的鸡笼这一做法与工业化农场的经营思想背道而驰，这种做法更接近于不把动物们困在工业化农场的环境中。基因组编辑技术可能会因为与工业化农场共同发展或者促进了它的发展而受到"控诉"。这可能会带来更大的风险，因为该技术确实减缓了向备选农业模式过渡的速度。

虽然基因组编辑技术究竟是会让人们放弃工业化农场还是继续经营工业化农场还是未知的，但几乎可以确定的是，比起寄希望于利用人们对疫情风险的担忧迫使人们放弃工业化农场来减少动物患病的概率，选择利用基因组编辑技术是预防疾病流行的更合理的做法。而且，即使基因组编辑技术一定会推迟废除工业化农场的进程，这也不一定成为反对利用基因组编辑技术的关键理由。用同样的推理逻辑将得出这样的结论：18世纪和19世纪美国提升奴隶的生活水平可能推迟了奴隶制的废除，因此这一做法是错的。即便在历史上该做法确实延迟了奴隶制废除的进程，从道德上来讲，我们肯定还是会觉得这是一种正义的做法；甚至可以说，提高奴隶的生活水平是必需的。

从理想化的角度来说，我们应该竭尽所能提高动物的福祉，同时也应该通过其他方式支持摆脱工业化农场（至少是我们现在所知的工业化农场）的生产模式。比如，我们可以在利用基因组编辑技术的同时提高针对肉类、奶制品和鸡蛋的税收，或者为人工合成肉类的生产提供财政和政策支持。

结论

基因组编辑技术应用于家畜育种之中势在必行。至少某些应用似乎实现了饲养者和动物的双赢。我们考虑过用基因组编辑技术育种无角牛和抗病猪。人们觉得该技术的应用逾越了某种自然边界，这显然是难以令人信服的。因为我们很难找到对于"非自然"的解释，来说明这种"非自然性"在道德上是存在问题的，因为我们仅在基因组编辑技术的应用中考虑到"非自然性"，却没有在其他我们已经认可的实践中考虑这一概念。我们可以通过谨慎研究并将研究成果应用于实践中，进而解决可能存在的安全风险。对不尊重动物的忧虑也并不能成为反对利用基因组编辑技术的充分理由，因为该技术的应用将改善动物福祉作为目标，也尊重动物的终极目的，至少是像现在的工业化农场一样尊重动物的终极目的。

此外，对于那些反对"技术修复"的观点，我做出了如下回应：我们需要心怀大局。然而，利用基因组编辑技术育种无角牛和抗病猪是否会让我们背离在道德上更可取的解决方案，这一点尚不明确。即便确实如此，最好的做法便是提高动物的福祉，采取让我们向在道德上更可取的解决方案（比如废除工业化农场）不断靠拢的措施。

我认为我们应该支持基因组编辑技术的应用研究，因为这对人类和动物都有利，不过我们应该谨慎进行。同时，我们应该尽自己所能利用其他可以提升动物福祉、减少环境破坏的方式转变农场经营模式。

注释

1. CRISPR是clustered regularly interspaced short palindromic repeats的缩写，意思是原核生物基因组内的一段重复序列。Cas9是一种蛋白质。CRISPR-Cas9是一种基因治疗法，通常用于体外早期胚胎或成纤维细胞之中，随后通过克隆技术将其植入去核牛卵中。该技术因为精准、操作简单、成本低廉而广受欢迎。

第10章 大脑刺激会改变自我认同吗

乔纳森·皮（Jonathan Pugh）

　　山姆（Sam）大叔是一名63岁的帕金森病患者，这是一种会导致严重运动障碍的神经疾病。他非常适合接受一种叫作脑深部电刺激术的神经外科治疗。医生将为山姆做神经外科手术，在其大脑故障区域植入电极，这些电极将与另一种植入设备连接，通过既定程序对大脑进行低频率电刺激。医生告诉山姆，虽然手术在生理和心理上对患者可能有一定风险，但成功案例较多，安全记录良好，已经帮助了数千名像他一样的帕金森病患者。

　　山姆最终同意接受手术，并高兴地发现，接受脑深部电刺激术治疗时，他的运动障碍明显减少。所以出院时他对手术结果非常满意。

　　然而，在一年后的随访中，他告诉医生，尽管该疗法仍在缓解他的行动障碍，但他也注意到自己产生了一些心理变化，在接受治疗后他感觉自己像"变了一个人"。他变得情绪不稳定，开始染上赌博恶习，并因此背负了巨额债务。他的妻子证实了这些变化，并表示这造成他们夫妻关系紧张。医生表示，脑深部电刺激术可能造成不良的心理影响，尽管这种病例非常罕见，但很遗憾山姆是其中之一，所以医生建议暂停山姆的脑深部电刺激术治疗。在同意暂停治疗的一周后，他发现自己赌博的欲望减弱，但运动障碍也随之死灰复燃。

随着对大脑研究的深入发展，外科医生和神经科学家已经研究出有效的医疗干预治疗方案，旨在通过改变脑电活动来治疗疾病。目前，脑深部电刺激术是改变脑电活动精确度最高的医疗手段；它可以精确定位到体积仅为一立方毫米的脑组织。在精确度方面，它与药物治疗形成鲜明的对比，药物治疗通过改变整个大脑的神经递质来影响大脑活动。然而，尽管精确度较高，但在罕见情况下，脑深部电刺激术可能会带来意料之外的副作用。上述关于山姆的例子源自一个真实案例——在其他地方，有报道称在接受脑深部电刺激术治疗后，患者的行为和情绪发生变化，如性欲亢奋。与此同时，越来越多的研究人员尝试用脑深部电刺激术来改变患者的情绪和行为动机，以此来治疗精神疾病。例如，脑深部电刺激术可在临床中用于缓解抑郁症、强迫症患者的症状，或帮助厌食症患者形成健康的饮食习惯。

随着技术和知识的进一步发展，我们也许能更精确地控制患者情绪和行为动机的变化状态。但是要想简单地通过脑深部电刺激术来影响一个人的行为或情绪状态似乎不太现实。然而，在侵入式神经刺激术诞生之初，科学家就对控制行为动机和情绪状态的可能性产生了兴趣，并且在总体上取得了一定进展。

无论该疗法所带来的生理和心理变化是我们有意为之的结果还是意料之外的副作用，未来都会带来深刻的道德伦理问题。像脑深部电刺激术这样的医学干预手段能将患者变成"另一个人"吗？该疗法要对患者具有多大的影响力才值得我们去讨论呢？这对我们来说为什么十分重要呢？

伦理哲学中的一些概念有助于我们回答这些问题。我们可以先思考：身份认同和自我的本质是什么，当有人说他已经变成一个不同的人时，他到底想表达什么。

人的本质是什么

也许，对这些问题进行哲学探究的一个自然起点就是所谓"心理学理论"上的个体同一性（或身份认同）。回想一下你14岁时的样子——虽然有些读者较其他人而言对那段时间的记忆可能更模糊，但希望你仍能回忆起一些当时的事情。现在考虑一下这个问题：是什么让如今的你和14岁时的你保持了"个体同一性"，也就是说是什么让现在的你还是原来的那个你？

有些人倾向于这种说法：现在的你和那个14岁的孩子是同一个人，是因为现在的你占据着的躯体和那个14岁孩子占据着的躯体是同一个，即使你已经在生理上已经发生了一些显著变化。然而，那些认同英国哲学家约翰·洛克（John Locke）观点的哲学家认为随着时间推移，是否占据同一个身体对于维持个体同一性并不重要。约翰·洛克的追随者强调心理学上的身份认同——也就是说，如果你要和曾经14岁的那个孩子维持人格同一性，那么你需要通过一个重叠的心理连接链保持人格的连贯性和稳定性；例如，过去的你和现在的你可以通过一系列共有记忆、意图和欲望联系在一起。即使你年纪渐长，不记得14岁时自己是什么样子，但也许你记得自己30岁时是什么样子。如果当你30岁的时候，你还记得自己14岁时是什么样子，那么你也许能够在不同的时间点之间画出一条心理连接链，而这条连接链上的各个连接点是同一个人生命中的不同阶段。

这些心理学理论使我们更能理解自己对一些熟悉的电

影情节做出的本能反应：我们都看过科幻电影中涉及"身体转换"的情节，一个角色的意识被转移到另一个角色的身体上，我们倾向于认为这些角色的身份跟随他们的意识而转移，而非保留在身体里。然而，根据这些心理学理论，如果一个人的心智状态发生显著变化，以至于我们可以注意到其心理联系链出现了断裂，意识的连续性受到破坏，那么我们就可以说原本那个人已不复存在，而是变成一个完全不同的人。我们可能会说，神经退行性疾病（比如常见的阿尔茨海默病会导致个人的心智状态发生重大而广泛的变化）患者以这种方式"变了一个人"。

　　不管这些有关人格同一性的心理学理论多么卓著，我们仍不清楚是否能用它们解释像山姆这样的患者所关心的关键问题。心理学理论界定的同一性是知觉观念在想象中联结成的整体，个体各种心智状态的整体组合构成了心理学理论上的同一性；而人格同一性改变指的是个体的整体心理状况发生广泛而深刻的改变。在山姆这一病例中，特定行为和情感特征的变化是有限的，并不足以威胁到心理研究专家所认定的人格同一性。由于治疗没有对山姆的记忆造成显著影响，所以他将与治疗前的自己在心理上保持显著的连续性，即使现在他表现出一些新的性格特征。因此，心理学无法从理论上解释山姆"变成了另一个人"的感受意味着什么。

　　之所以会出现这种情况的部分原因是，像洛克这样的哲学家创建人格同一性理论的初衷并非是要回答山姆所关心的这类问题。哲学家们感兴趣的是形而上学的抽象问题，他们关心到底是什么从根本上构成了一个特定的人，这个人在不停息的时空转换中保持人格的同一性。然而，我们关心的身份认同问题往往与这个形而上学的问题大相径庭。这一点可以通过电影和文学作品中经历重大变化的人物反映出来。以电影《教父》（*The Godfather*）为例，我们不会怀疑男主角迈克尔·科利昂（Michael Corleone）在电影中从头至尾、自始至终都是同一个人，从哲学角度来说，他保持了意识的连续性。但我们仍感觉迈克尔在这一过程中已经完成蜕变，从一个性格安静、愿意放弃家族黑帮事业、具有英雄气概的年轻人，变成了一个杀人不眨眼的无情暴徒，不放过任何妨碍他的人。

　　换言之，我们可能对电影结尾的迈克尔·科利昂究竟变成什么样感兴趣，而非从严格的哲学角度去思考"他是谁"这个问题。

自我——这个人是谁

一些哲学家已经否认，随着时间的流逝，始终保持人格同一性的"自我"是存在的，也就是说他们认为根本不存在一个自始至终不变的"自我"。大卫·休谟（David Hume）的著名观点是，自我只不过是我们不断进行的一连串感知。然而，关于自我的认知已经深深植根于民间心理学中。我们在日常生活中经常使用"自我"这个术语——例如，某人从感冒中康复后，你可能会说他"恢复了正常的自我"，或当你因莫名发脾气而向朋友道歉时会说："今天好像不是平常的那个我。"然而，尽管我们在日常生活经常会用到这一术语，即使那些赞同我们使用"统一自我"这一概念的哲学家也承认，人们对这一概念的认识各不相同。对于"自我"的不同理解可以帮助我们解读山姆和迈克尔·科利昂的情况。

我们可以从广义的角度去思考自我这一概念，包括我们所有的情感、行为和认知特征。事实上，我们可以进一步延伸，将一些非心理层面的特征也包括进来，比如我们的身体特征；因为我们的身体也许也是自我的一部分。这个对于自我的广义理解模型有助于我们全面了解医学治疗对人们所造成的各种不同影响。当然，山姆因为脑深部电刺激术治疗在行为习惯方面发生了惊人的变化，但医学治疗也可能给患者只带来一些细微的变化。例如，像所有侵入式外科手术一样，脑深部电刺激术会给患者留下疤痕，并可能带来轻微的副作用，如头痛和干呕。然而，如果我们仅仅根据这些脑深部电刺激术带来的身体上变化就说它改变了广义上的"自我"，其实是站不住脚的；这一广义上的理解似乎也无法合理解释山姆在接受治疗之后所出现的变化有多么特殊。虽然伤疤改变了外貌，但是我们可能不会认为人会因此而改变——像山姆所说的那种改变。

因此，我们最好从狭义的角度去理解自我，即将边缘因素（它们可能会受道德因素的影响而发生些许变化）与构成个人"真实自我"的核心因素区分开来。所以从狭义自我出发，我们应只关心脑深部电刺激术治疗是否影响了真实自我。为什么真实自我的改变会尤为重要？首先，我们可能会说，如果无法活出"真实自我"那么也就很难感到幸福。其次，我们可能还会说，我们只应该尊重那些个人做出的反映真实自我的选择。

但是我们如何确定到底是什么构成了真实自我呢？一种解释是我们每个人都有一些构成自我本质的核心特征，而这些本质是无法改变的，因此我们必须按照这些核心本质生活，才能真正地生活，活出"真实的自己"。依据这种本质主义观点，如果山姆在接受治疗前的核心特征包括小心谨慎、考虑周全、家庭至上，那么脑深部电刺激术治疗引发的一系列变化就值得关注。

然而，这种本质主义观点其实是具有有争议的。即使有些哲学家反对大卫·休谟的怀疑论观点（休谟认为自我只不过是不断进行的一连串感知，不存在统一的自我），他们也不愿意说每个人都有一些深层次的本质等待自己去发现。如果真有所谓的本质存在，我们也不清楚该如何找出个人性格中的哪些因素构成了真实的本质。例如，我们如何判断迈克尔·科利昂的真正本质是在《教父》开头看到的性格安静的战争英雄，还是我们结尾看到的无情罪犯？

而且，我们也不清楚为什么按照本质主义认知的自我去行事就有道德意义，或者为什么我们只应该尊重一个人出于这些核心本质所做出的选择；而事实上，一个人很可能不喜欢自己的核心特征，还可能因为其改变而感到开心。一些精神病患者有时会将自身疾病视作自我特征的重要一部分。例如，即使厌食症患者承认接受治疗可缓解病情，但是她会认为厌食症是组成"她是谁"的重要部分，如果没有厌食症，自己将会截然不同。因此，按照这种说法，山姆说他感觉自己像变了一个人，可能意味着他发生了一些重要改变，但这并不意味着他要把这个事实看成一件坏事。

另一种理解自我的方法借鉴了存在主义哲学的主要观点，认为自我是一个非常动态的概念，是我们根据自身价值观不断创造和塑造的东西。据此，我们的心理变化是否与真实自我相一致，取决于我们是否认可这种变化。例如，就山姆而言，这很大程度上取决于他自己对行为变化的看法，以及他是否可以理解这些变化。如果他因为自己的赌博行为感到害怕，因为婚姻危机而感到心烦意乱，那么可以说这些行为在一定程度上与他的真实自我格格不入。相反，如果他不抗拒赌博，也许摆脱运动障碍后，这可以成为他新的兴趣爱好，我们就不清楚这些变化是否意味着在道德层面上他成了一个不同的人。

这些受存在主义的启发的理论可以直接解释为什么那些在人们身上出现的并非源于自身初衷的变化可能是很重要的。如果我们无法接受自身的心理和行为变化，那么就会对生活感到糟心，并且就自主性而言，我们并不会主动接受自身不认可的行为。然而，这些理论对于像山姆这样的人如何去理解自我到底意味着什么？这大多取决于他们所认可的是什么，正如我们在上述案例中分别考虑到的两种不同的情况所表明的那样——山姆接受或者不接受自身在接受治疗后所产生的行为变化。但为什么我们认为他只有在接受自身行为变化的情况下才能展现出他的真实自我呢？如果山姆对自身行为变化的认可是基于自身长期奉行的价值观的，并且他能用这套价值观来解释自己的行为变化，那么我们有理由认为他展示出了真实的自我。但如果山姆现在认可并奉行的价值观与手术前（我们所认为的）山姆认可并奉行的价值观大相径庭呢？假设在手术前，山姆十分看重家庭责任，并且为自己的勤俭持家感到自豪，而（如果）在手术后，他宣称要随心所欲享受生活，在这种生活中，赌博的快感比他的家庭关系更重要；那么我们更愿意认为脑深部电刺激术直接改变了山姆的价值观和行为习惯，无论他现在多么享受这些改变，这都不是"真正的山姆"。

然而，这里有两个问题有待商榷。第一，我们不容易确定脑深部电刺激术治疗是否真的导致了山姆价值观或行为的改变。因为有许多其他原因会造成这些变化，而脑深部电刺激术可能只是间接导致这些变化，并非直接原因，因为治疗已经解决了困扰山姆的慢性健康问题，使他想要释放自己，换种活法。一些患者在成功解决慢性健康问题后会发生显著的行为和情绪变化，他们试图重建生活，应对所谓的"常态负担"。

第二，即使我们可以确定脑深部电刺激术治疗直接导致了患者行为和情绪变化，我们还是不清楚为什么这样就可以排除这些变化出于患者本心的可能性。就山姆而言，这些变化是出乎意料的治疗副作用；尽管如此，有一些问题还是源于他没有完全认可手术后自己在行为和价值观方面的改变，即使他知道手术存在一定风险。然而，还有一些人经历了行为、情绪和价值观的实质性改变，如果是这样，情况可能就完全不同了。例如，人们使用脑深部电刺激术治疗精神疾病时，目的可能就是调节失控的情绪及混乱的行为动机。展望未来，也许有一天人们可以通过各种神经刺激治疗来有目的地调节自身行为和情绪状态。

如果活得真实其实就是创造自我（如存在主义者所声称的那样），那么为什么人们用来塑造性格的手段会影响他们带来的变化是否真实呢？确实，在传统上，一个人的性格塑造是在社会环境中下意识逐渐进行的，如果一个人在清楚地了解治疗结果后，理智地选择使用脑深部电刺激术来显著改变自身的情绪和动机，他会对这一过程有更清晰的认知。也许那时，一个人可能会选择用极端的方法来改变自己，但这不意味着他在道德意义上成了不同的人。

那对于山姆而言呢？对于山姆是否蜕变成另一个人，最重要的不是他现在做什么，而是他现在重视什么。如果患者在接受治疗后明显保持着与接受治疗前相同的价值观，但表现出新的（甚至可能是自身不认可的）行为特征，那么我们有理由说这是同一个人，即使这些患者可能会认为自己"变成了另外一个人"。所以，如果山姆知道持续进行脑深部电刺激术治疗会不断改变其行为特征，会让他继续赌博，那么我们理应让他后果自负；如果他在选择坚持手术前自己所拥有的价值观的前提下继续进行脑深部电刺激术治疗，也许是因为山姆的毕生所愿就是能够恢复自由行动力。然而，我们也知道随着时间推移，人的价值观可能也会随之改变，但可以保持自我身份认同，如果这种改变的本质得到了患者的认可，那么这一改变过程也是人们凭借一直保留的一些价值观和信仰可以清楚地认识到的。因此，如果山姆在随访后选择继续接受脑深部电刺激术治疗，并基于"对生活的全新欲望"而选择继续赌博，如果他能够自愿接受新的人生面貌以及他获得新的人生观的方式，那么我们可以认为他还是同一个人。

第三部分

未来的死亡

Part Three

Future Death

第11章　我们在未来如何定义死亡

麦肯齐·格雷汉姆（Mackenzie Graham）

2019年年初，耶鲁大学的一群科学家在32头猪死亡4小时后恢复了它们的部分大脑功能。科学家们在使用一种名为BrainEx的系统为猪的脑细胞提供以血红蛋白为基底的溶液后，发现这些脑细胞开始消耗氧气和葡萄糖，并排出二氧化碳，而这是大脑新陈代谢重新开始的迹象。而且，他们发现一些细胞还能放电，从原则上来讲，这一现象至少表示这些细胞仍具备神经活动的能力。

当然，这些猪的大脑并没有表现出产生意识所必需的有组织活动的迹象，研究员准备对猪脑进行麻醉，降低大脑温度以防意识恢复。然而，他们的结果挑战了有关大脑如何对缺氧做出反应的基本假设。被认为不可逆的脑细胞功能丧失有一天也许会变成可逆的。

尽管一些猪脑细胞活动恢复了，我们大多数人还是会肯定地说这些猪已经死了。不过我们可能不太确定为什么会有这种感觉。科学与技术的进步已经模糊了生死之间的明确界限。有机体（包括像我们一样的有机体）的死亡意味着什么呢？

死亡史

从人类历史的大部分时间来看，确定死亡向来是一个简单的过程。一旦疾病或创伤导致不可逆的心、肺、大脑功能丧失，这些器官功能的相互依赖性必然导致其他重要功能在几分钟内停止。医生仅仅根据患者没有心率、呼吸停止或眼睛无法对光做出反应（大脑功能的表征）就可以宣布患者死亡。

20世纪50年代引进了包括机械通气和心肺复苏在内的新型医疗程序，这意味着一个心脏停止跳动或者肺部停止呼吸的人也能继续存活。有了新技术，过去遭到致命脑损伤的病人便可以通过人工方式维持血液循环和呼吸。这些病人的存在，对人们关于死亡的传统理解构成了挑战，因为他们的一些重要功能已经遭受不可逆的损伤而其他功能还在。为了界定这些病人是活着还是已经死亡，我们需要对死亡进行新定义。

死亡的定义

　　为了理解人类死亡的本质，我们必须从给这个概念下定义开始：生物的死亡是什么？在回答了这个形而上学的问题后，我们才可以转而思考另一个认识论的问题：判断某生物符合死亡定义的合适标准是什么？至于我们什么时候可以确信地说某人已经死亡，最终还需要用一些标准和测试来检验其是否已经达到认识论的死亡标准。

　　最广为接受的死亡定义是机体功能丧失，并且不可逆转。该定义的两个特点值得强调。第一个特点：死亡是一种单一现象。有机体是由不同复杂程度的部分构成的生物（比如细胞、组织和器官）。有机体充当这些构成部分的整合单位，表现出的特性不可被简化为单个部分的特性。整个有机体生命状态不同于其构成部分的生命状态。有机体可以在某些部分死亡时活着，也可以在某些部分活着时死亡。

　　该定义的第二个特点：死亡是所有有机体普遍会出现的生物学现象。不管这个有机体是一棵树、一只昆虫、一头鲸还是一个人，"死亡"这个词的含义都是一样的，即机体功能丧失，且不可逆转。正如我们所见，两个特点（生物学特点和普遍性特点）都很难让人明确死亡的各项标准。

全脑死亡标准和循环–呼吸标准

直到20世纪60年代，越来越多的医学界和学术界人士认为丧失全脑功能但还在靠人工方式维持生命的病患事实上已经可以算作死亡了。在1968年，哈佛医学院特设委员会提出了一套基于神经学的死亡标准。根据这些标准，如果一名病患心肺功能还在，但全脑所有功能已经不可逆地永久停止运行，那他也已经死亡。

这一"全脑死亡标准"很快被医学界和法学界接受，因为该标准为在救治无望的情况下撤掉生理支撑设备这一做法提供了合法依据，也因为该标准有可能增加器官捐赠合适人选的数量。尽管对于脑死亡是否等同于人死亡这一问题学术界一直争论不休，全脑死亡标准仍然是大多数发达国家通用的判断标准。

仅在神经学死亡标准被提出几年后，哲学家就提出有机体定义来解释这一标准。在全脑死亡后（或在脑干死亡后），人体即便有技术的支持也无法再作为一个完整的有机体维持生命。因此，全脑功能的不可逆性丧失足以造成整个机体功能的不可逆性丧失。在一些司法管辖区，传统的循环–呼吸标准（即心肺功能不可逆性丧失）仍然是除神经学标准之外确定死亡的有效标准。

　　正常运行的大脑对于人类有机体的整体运行是必不可少的，然而，过去几十年来累积起来的证据却对这一说法提出质疑。大部分大脑功能并不是直接作用于整个有机体的，大部分人体综合功能（体内平衡或体内化学条件的平衡、消除细胞废物、能量平衡、维持体温、伤口愈合、抵抗感染以及疼痛应激反应）也并非由大脑介导，经发现至少有一些符合全脑死亡标准的病患是这样。

　　两个被广为宣传的案例展现了全脑标准的这一不足。贾西·麦克马什（Jahi McMath）是一名13岁的女孩，她在2013年接受了扁桃体切除术，手术引起并发症后遭受了严重的神经损伤，并因此被宣布脑死亡。虽然最初她就符合脑死亡的所有标准，但最终她的下丘脑（大脑中负责利用激素调节器官功能的部分）又出现了继续运作的迹象。法院记录显示她在受伤8个月后开始进入青春期。在法律允许麦克马什出院后，她在一个秘密处所活到了2018年。

　　马里斯·穆诺斯（Marlise Munoz）是一名33岁的妇女，她在怀孕14周时由于肺栓塞遭到致命的神经损伤。穆诺斯也符合神经学死亡标准，不过根据州法律，她继续依靠人工设备维持生命。在她被最终摘掉维持生命的设备之前，她又继续在腹中孕育胎儿八个星期。虽然情况罕见，但已有数十例类似的病例记录在案，符合神经学死亡标准的母亲通过剖宫产分娩了健康的孩子。

如果上述的孩子真的死了还能进入青春期，或者说上述的女性真的死了还能孕育胎儿，那么我们很多人都会对此感到奇怪。这意味着我们需要抛弃全脑死亡标准吗？在符合脑死亡临床标准的病患中，有一部分病患的全脑功能可能并没有不可逆地永久停止运行。我们只有通过增加判定脑死亡的临床标准，包括对当前尚未评估的功能进行检测（比如尚在运行的下丘脑），才能避免贾西·麦克马什遇到的这种情况，即尽管病患符合脑死亡标准，却似乎还在维持综合功能的运行。

但是全脑死亡标准还存在一个更严重的问题，即人类这一有机体的诞生并不是始于大脑的出现。在受孕完成大约四周后基本的大脑和脊髓结构才会出现，所以成活的人类有机体要比大脑构造早四周出现。这也就意味着，虽然大脑是人类有机体的重要组成部分，但它对于人类有机体的整体运行并不是必需的。

为了解决这些问题，全脑死亡标准的支持者提出了替换表述，根据这一表述死亡被定义为"整个有机体的关键功能永久停止运行"和相应的 "全脑关键功能永久停止运行"。

由于人类是一种复杂的有机体，其关键功能包括大脑控制的呼吸功能，大脑调节的血液循环功能，以及觉醒能力和自我意识能力。人一旦失去上述所有关键功能后就会死亡。

关键功能

这种经过修订的标准似乎是合理的，因为它恰好指出了那些对人的生命而言似乎起着至关重要作用的功能。即使大脑并不调节人类有机体的每一项综合功能，大脑对于人体功能的运转至关重要这一事实也表明一个有效运行的全脑对人类生命而言极其重要。

但是，修订后的标准也存在不足之处。修订后的标准根据人类有机体的关键功能来对死亡进行定义，将"什么功能是有机体运行所必备的"这一生物学标准转变成了"哪些功能对人类生命至关重要"的价值判断。为什么我们竟然觉得非大脑调节的功能（如激素调节和抵抗感染等）对于有机体运行而言就不如呼吸功能和自我意识功能重要呢？谁有权力判定何为关键功能呢？假如我们可以就那些对人类生命起关键作用的功能达成社会共识，这些功能可能不会与全脑死亡标准完全重合。

有人可能会进一步认为判定何为人类有机体的关键功能是个人选择问题，人们应该有选择自己何时死亡的自由。但这么做就会把死亡的那一刻视为惯例而非生物学事实。这可能会导致一些奇怪的情况发生，比如，在亲属试图明确什么是合适的死亡标准时，一个人会处于非死非生的状态；或者，一个被宣布死亡的人仅仅通过跨越不同死亡标准的司法边界就可以"死而复生"。

更高级的大脑标准

有人可能会觉得躯体死亡和整个人的死亡是有重要差别的。一个人失去意识能力和意识所依赖的各种重要能力（如推理能力、想象能力、情感能力、自主能力和交流能力）时，心理生命就已经终结了，人也就死了。基于以上说法，死亡的合适标准是不可逆的意识能力丧失。这一情况通常发生在大脑皮层（大脑中负责更高级的大脑功能的部分）损坏之后。

一些解释认为，因为我们本质上是人（即"人本主义"），所以意识能力对我们继续生存而言十分重要。作为人我们应该具备形式相对复杂的意识能力，包括自我意识和推理能力。当我们失去意识能力时，我们就失去了这些必要的能力，也就丧失了人格，不再作为人存在。另一些解释认为人类的本质是心智，是拥有意识能力的存在。一旦失去这一基本的心理能力，我们也就死了（心智本质论）。

这一更高级的大脑标准产生了重大影响。比如：因为缺乏意识能力，永久处于植物人状态的患者（保留下来的脑干功能足以让他们自主呼吸、维持心跳，经历睡眠和醒来的循环）和处于不可逆昏迷状态的患者都被认为已经死亡。除此之外，从人本主义来看，痴呆严重并将最终失去做人所必需的复杂意识能力的患者在发展到昏迷状态之前的某些时候就已经不具备人格了。同样地，人本主义认为由于婴儿缺乏复杂的意识能力，所以人其实是在出生以后的某个时间点才真正具有了人格。

相反，如果人类的本质是心智，"我们"和我们自身的生物机体之间有何确切关系呢？我们并不能完全等同于我们的机体，因为我们的机体没有我们仍然可以存活，就像处于昏迷状态或者永久处于植物人状态的病患一样（这就说明机体死亡和人/心智死亡的定义是不一样的）。也许我们是由我们的机体"构成"，就像铜像由铜片构成但不等同于铜片一样。"我"在本质上是一种赋予自己第一人称思维的生物，比如"我想知道我晚餐吃什么"或者"我希望我能买一辆新车"。但是鉴于我们的机体有正常运行的大脑，它们可能也能具备这种第一人称思维。这意味着在一个机体中有两个用第一人称思考的"人"，我们不能确定到底哪一个是真正的"自我"。

不可逆的还是永久的

确定确切的死亡时间是讨论器官捐献时最常涉及的伦理议题。只有捐献者被宣布死亡后才能摘取器官，这已经是广为接受的伦理规范（这也是所谓的"已故捐赠者规则"）。大多数器官捐献发生在捐献者根据神经学标准被宣布死亡后，但是在一些国家多达40%的器官捐献发生在捐献者根据循环-呼吸系统标准被宣布死亡后。当患者心跳停止时（这表明血液循环也停了），内科医生必须等到确定心脏不会再自发重启（自动复苏）时才能宣布死亡。在这种情况下，我们认为足以明确血液循环和大脑功能都停止了。排除自动复苏可能性所需的时间是有争议的，建议等待时间从美国的2~5分钟到意大利的20分钟不等。这一等候时间很重要，因为每一秒都冒着损坏器官的风险。

　　然而，人们担心这些捐赠者可能还没有真正死亡。首先，2~5分钟可能很难保证自动复苏的情况不再发生。而且，常温机械灌注（供应含氧血液来保存用于移植的器官）等手术的普及对现有的死亡标准造成严峻挑战。这些程序使用了所谓的"体外膜肺氧合"（ECMO）来恢复捐献者的血流，为血液注入氧气，消除二氧化碳，并将血液输回捐献者体内，确保捐献者在被宣布死亡后仍能维持血液循环。夹钳或充气装置被用来引导血液从心脏流出，并阻止血液流向大脑。然而血液循环被恢复这一事实已表明血液循环停止并非是不可逆转的。当然，也存在血液偶然流向大脑导致捐赠者生命复苏的风险。

　　为了回应这种担忧，很多人建议将"不可逆的停止"解释成"永久的停止"。永久的停止是指功能不能被恢复，即功能既不能自发恢复也不能在经过抢救后复苏。所以，在使用"体外膜肺氧合"进行常温灌注治疗后，如果大脑功能还是无法恢复，捐献者则被认为已死亡。

　　然而，在器官捐献的情况下，永久性功能丧失并不能代替不可逆性功能丧失。在日复一日的实践中，内科医生通常在他们还不知道患者血液循环的停止是否完全不可逆的情况下就宣布患者死亡，因为"正在死去"和"已死"之间的区别并不重要，在血液循环停止到彻底不可逆转这段时间里，病人的命运早就已经注定。然而，如果血液循环功能丧失后的几分钟与重要器官的切取手术相关，"正在死去"和"已死"的区别就十分重要。

而且，生死之间的区别是个本体论问题，生死描述的是世间两种不同的状态。一个人处于何种状态不能由他人的意志决定。正如上文所述，器官功能永久性丧失需要医生的判定。如果一个人突发心脏病倒下，附近又没有人能进行心肺复苏手术，假如心脏不能自动复苏，那这个人按照器官功能永久性丧失的条件就可以被判定已经死亡。但是如果一个医生恰好路过，并同意进行心肺复苏手术，那这个人就不会被判定已死，而只是正在死去，但其实他的身体状况并没有发生本质变化。这是很荒谬的。

死亡和后事

理解人类死亡并没有看上去那么简单。尽管全脑死亡标准已经在法学界和医学界得到广泛认可，但这一标准并不符合生物学事实。不过，如果我们放弃这一标准，转而接受更高级的大脑标准或心智本质论，我们就会对谁已死谁未死得出有悖直觉的结论。

我觉得用机体功能丧失这一标准确定一个人是否死亡是最稳妥的：当一个人的机体综合功能不可逆地停止运转时，这个人就已经死了。全脑死亡似乎并不能符合这一要求，符合全脑死亡标准的病患虽是损伤严重的人类机体，却并没有真正死亡。（血液）循环标准似乎是确定人类死亡最合理的标准。血液循环功能和大脑功能不一样，一旦不可逆地停止就必然会导致整个有机体功能停止。因此，在血液循环功能不可逆地停止时，人的机体就会死亡。

不幸的是，这意味着我们不能确切地知道一个人的死亡时间，因为我们无法确定什么时候血液循环停止会变成不可逆转的状态。理论上来讲，血液循环可能在脑死亡之前就已经不可逆地停止了，这也意味着一个从生物学上讲可能已经死亡的人却仍然存在意识。这基本上就是本章开头提到的猪脑案例揭示的隐忧。我认为这种情况是机体已经死亡，但其中的一部分（尽管是相当复杂的一个器官）还在继续运行，从这样一个捐献者身上移植器官并不意味着该捐献者还活着，尽管这个器官还在继续运行。

这也意味着大多数器官捐赠案例（在脑死亡和血液循环停止之后捐赠）都涉及从生死未知的捐献者身上摘取器官。

然而，死亡的生物学事实与我们在传统上接受一个人已经死亡的事实并无关联。比死亡时间本身更重要的是，明确什么时候进行某些"后事"比较合适，举几个例子：什么时候为一个人的逝去开始哀悼合适，什么时候撤掉生理支撑设备合适，什么时候已婚人士变成遗孀，什么时候转让遗产或人寿保险，什么时候摘取捐献器官。正常情况下，一个人一旦停止呼吸，脉搏停止跳动，家人就能为挚爱之人的逝去而表达哀悼了。对于家人而言，这个人作为一个有机体是否已经不可逆地停止运行并不重要，重要的是他们再也不能和这个人互动了。因此，生物学意义上的死亡和传统意义上的死亡之间的差异无关紧要。相反，当血液循环明显不能自发恢复的时候（即便血液循环还没有不可逆地停止），急诊室医生着手"后事"，停止再为病人复苏做出努力是正当的。

在器官捐赠的案例中，相关的道德担忧并不是器官捐献是否导致了捐献者生物学上的死亡，而是器官摘取是否损害或侵犯了他们的自主权。如果因生还无望，被撤掉维持生命的医疗设备之后，某位捐献者已经被判定脑死亡和血液循环停止，那么不管捐献者是否捐献器官，其死亡的事实已经毫无争议。因此，如果捐献者事先已经同意捐赠，很难说捐献者因为摘取器官受到了伤害。事实上，出于法律原因（比如谋杀）或者宗教等原因要求确定病患确切死亡时间的案例要远远少于我们的预料。和器官捐献案例不一样，在这些案例中不大可能存在任何时间上的压力来阻止人们用谨慎的方式证实死亡。

展望未来

我们以猪脑案例开始写作这篇文章，这些猪在死亡4小时后被恢复了大脑的部分功能。从技术角度来看，这项技术有一天可能会被应用到人类身上。对于我们理解死亡而言，"重启"人类大脑的这项能力将意味着什么？一方面，我觉得这并不意味着什么。如果正常运行的大脑并不是人类有机体运行所必需的，恢复人类大脑的能力并不会让一个生物学上已死亡的人复活。然而，它可以显著地改变我们处理后事的方式。如果一个人的大脑功能有可能被恢复，其家属愿意把呼吸机从他（符合全脑死亡标准）身上拿掉吗？在患者被宣布死亡之后，将其大脑切除后再尝试恢复其部分功能以便用于医学研究可以吗？这些问题都需要我们认真思考。

科技进步既可能改变原本不可逆的生物学进程，也可能改变人类机体的意义。代替或增强人体器官的仿生装置已经产生，包括恢复听力的人工耳蜗、人工心脏、仿生眼、仿生胳膊和仿生腿。如果有一天我们可以用机械装置代替身体的大部分器官组织，并将其整合到有机体中，这可能改变人类机体作为一个整体运行的意义以及整个机体功能停止运作的意义。

最终，可能会发展出新的存在形式，而这也要求我们重新审视活着和死亡的意义。比如，许多专家都同意电脑最终会达到与人类相近的智力水平这一说法。如果电脑有了意识、感情和欲望，我们会说电脑也是活着的吗？这与机体的死亡定义有何关联？也许更重要的是明确对于这样的实体，准备什么样的"后事"才合适呢？

医学技术的发展挽救了无数生命，但也使明确人的死亡时间更难了。鉴于人类生命的复杂性，我们也许不应该对人类死亡的复杂性感到讶异。

希望我们都能平静地进入"长眠"。

第12章 我们应该为了在未来复活 而冷冻自己的躯体吗

弗朗西斯卡·密涅瓦（Francesca Minerva）

2016年，媒体广泛报道了一名死于癌症的14岁英国女孩（在法庭上被称为JS）的故事。这一悲剧因与其相关的法律纠纷而大受关注。在去世前的几个月，她开始考虑她的后事，她在网络上寻找能给她带来一线希望的东西。她发现世界上有几百人接受了"人体冷冻"，也就是完全浸入零下196摄氏度的液氮中。这些人希望科技发展在未来能够彻底治愈将人们置于死地的疾病，并将他们复活。通常情况下，当一个人在心脏停止跳动，并在法律上被宣告死亡后不久，他就可以被低温冷藏。在心脏停止泵血几分钟后，遗体就可能因缺氧而出现脑损伤的症状。只有在这种情况发生前完成"遗体冷藏"，人体冷冻技术的目的才能实现。

它的工作原理如下。在接受冷冻者在法律上被宣布死亡后不久，血液循环和呼吸会被立即恢复，以保持人体组织完好无损。然后，躯体会被放入冰盆中以降低体温，其血液也会被一种特殊物质替代，以防止结冰、破坏细胞组织。为了防止躯体持续进行新陈代谢并最终腐烂，必须将躯体浸入液氮中。人体冷冻学家最终希望实现的是将躯体大脑中的信息保存下来，因为正是这些信息让我们成为具有一系列独特思想、记忆、偏好和心理状态的独一无二的人。根据人体冷冻学家共同认定的死亡标准（所谓"死亡的信息论解释"），只有当大脑中的信息永久丢失时才能宣告一个人真的死亡了。只要个人信息仍储存于大脑中，即使身体机能失常，个人也没有死亡，而只是"生命暂停"。

在上网搜索后，年轻的英国女孩JS认定接受冷冻术是她再多活几年的唯一机会，尽管她清楚即使这一技术真的可以实现，也只能发生在遥远的未来。她的母亲十分支持她冷冻自己躯体的决定，但是她的父亲拒绝批准她放弃传统葬礼，转而选择冷冻自己的躯体。由于她尚未成年，她需要获得她父亲的批准才能在去世后接受人体冷冻。因此，她最终选择诉诸法律。参与审理此案的法官彼得·杰克逊（Peter Jackson）让她写一封信，解释她为何想要接受人体冷冻。她写道："我才14岁，我不想死，但我知道自己即将走向死亡。我认为人体冷冻给了我一个将来得到治愈和复活的机会，即使这可能在几百年后才能实现。我不想就这样长眠于地下，我想活得更长。我认为人们能够在未来发现治愈癌症的方法，并将我唤醒。我想抓住这个机会，这是我的愿望。"

人体冷冻十分诡异

我们可以理解女孩为什么选择冷冻自己的躯体，因为她的生命在这样的年纪就走向凋零着实是一个悲剧。我们都会同情她有这样的想法：带着在未来"复活"的希望死去，而不是带着永远离开的绝望走向死亡。

我们也可以理解女孩的父亲为什么会怀疑人体冷冻技术。不管怎样，这应该是对人体冷冻技术最为常见的反应。快速地谷歌一下"人体冷冻"，所呈现的搜索结果就可以证实这一技术确实被大众贴上了"虚构""疯狂""诡异"的标签。

事实上，许多人反对人体冷冻技术的根源是其透露出的诡异感。回顾过去50年的生物技术发展史，人们对新奇怪异之物的敌意并不少见。例如，世界上第一例心脏移植手术于1967年在南非进行。这项手术尽管在今天不再遭到大众的反对，但是在当时它颇具争议。试管婴儿技术也有类似的经历：1978年，世界上第一个"试管婴儿"路易丝·布朗出生。当时，许多人反对"在实验室制造婴儿"，他们认为新生儿应该是在上帝的旨意下，由父母两人结合产生。然而，据估计，自1978年以来，已经有超过800万个试管婴儿出生。这表明，一旦某项技术的实用性日益凸显，人们很快就会克服对其怪异之处的排斥。

因此，历史经验告诉我们，起初看起来怪异的新生技术并不一定有害。人们对于某项新技术是否怪异的看法可能会随着时间的推移而迅速改变。假如越来越多人开始接受人体冷冻，或是对其可行性的研究取得重大突破，人体冷冻就有可能被大众广泛接受。

人体冷冻是一场骗局吗

人体冷冻遭到反对的另一个原因是，有人认为它其实是一种对金钱的挥霍，或是一场骗局，即通过向濒死的人许下不太可能实现的承诺来牟利。

和大多数新技术一样，人体冷冻并不免费。它只能由私人机构完成，且没有任何国家补贴。被冷冻躯体的保存费用在2万美元到20万美元。具体额度取决于该费用是否囊括运输费和其他服务费——比如，为死者设立一个在他"复活"后即可被使用的信托基金，等等。然而，人体冷冻的费用相对较高，并不意味着它就是一个骗局，或者是对金钱的浪费。若人们认为这是一种浪费或一个骗局，他们就会向外界传达一个信息：人体冷冻无法成功地让人死而复生，因此为人体冷冻付钱就相当于为一项永远不会带来益处的服务掏腰包。

目前，我们尚不清楚接受人体冷冻的人是否能够死而复生，现有的技术还不够发达，无法复活已经被冷冻躯体的那些人，而且我们也无法预测将来人类是否能够获得复活冷冻人必需的技术进步。更重要的是，我们无法得知科学家们是否能在复苏我们身体的同时，还能复活足够的大脑组织，唤醒我们的心智，从而使我们意识到自己就是几十年或几百年前选择将自己的躯体冷冻的那个人。如果不能保持心智水平在接受人体冷冻前和冷冻后的一贯性，这将是一种毫无用处的技术，只能将一副躯体从现在传送到未来。

人体冷冻技术是否能够成功实现的不确定性，可以解释为何许多人对该技术深表怀疑，更何况其成本还十分高昂。但是，我们现在无法掌握该技术不代表我们在未来也无法掌握。

人体冷冻是走向不朽的一步

　　大多数想要进行人体冷冻，并与人体冷冻机构签署合同的人都没有那个通过法律途径获取冷冻自己躯体的权利的英国女孩年轻。她如此年轻，想接受人体冷冻情有可原。但是，对于那些高龄人士，该技术还有必要为他们所用吗？他们想要接受人体冷冻的原因是什么？他们复活后不会因年纪过大而很快就再次死亡吗？

　　为了理解何为人体冷冻，我们要将其视为一个更加宏大的计划的组成部分，也就是无限延长人类寿命的目标。许多人之所以选择接受人体冷冻，是因为他们想通过目前尚未出现，但在未来某一时期可能问世的返老还童术延长寿命。目前，我们尚不明确这些技术在实践过程中如何发挥它们的作用，但是一些科学家认为让人类返老还童（让我们的生物钟倒转回去）在理论上是可能的。由于许多致命疾病都是由细胞老化引起的，我们可以通过逆转或者停止这一过程，从而无限期延长寿命。如果我们可以通过细胞再生或其他技术无限期地延长寿命，那么这些在未来复活的人可以获得比现在更长的预期寿命。

　　因此，选择接受人体冷冻的人抱着在未来实现永生的渺小希望，斥巨资豪赌一笔。这就像买了一张价格高昂的彩票，虽然中奖概率很小，但是奖金十分丰厚。

人体冷冻十分自私

也许有人认为，不管人体冷冻的成功率有多大，也不管它能够给我们带来多久的额外生命，以无限延长自己的生命为目的，在人体冷冻上一掷千金都应受到谴责。也许，这些钱应被捐给慈善机构以帮助那些生活在贫困中的人们。

尽管这是一个十分强有力的反对理由，但是这个理由也能够用来反对任何人购买任何非必需品。大多数有闲钱的人都会把这笔钱留给自己，让自己生活得更舒适。所以，如果买一辆豪车并不是不道德的，那接受人体冷冻也一样，不应批评他们违反道德。

更重要的是，如果人体冷冻可以无限期地延长人类的寿命，那么我们就不应该将其比作奢侈品。相反，我们应将其视为一种健康投资。我们通常不会责备那些在医疗保健上花钱的人自私自利，他们为了多活几年而接受昂贵的实验性治疗也是无可厚非的。

当然，人体冷冻可能永远不会达到其既定目标，所以任何为此掏腰包的人可能收不到相应的回报。但是这种情况也可能在其他医疗服务中也常见。接受不确定性是人类存在的一大标志。我们永远无法百分之百确认我们在事业和人际关系中的努力一定会带来我们想要的回报。在这个意义层面上，人体冷冻似乎和我们所做的其他投资别无二致，尽管其结果、收益的不确定性远超我们做的其他决定。

重生后的生活

有人可能会说：人体冷冻不等同于其他没有回报的投资，因为即使一切都按照预期进行，最终结果仍可能是负面的。

想象一下，如果被冷冻的人在数百年后成功地复活，并且清楚地意识到自己是在几百年后重生的，她在复活后的生活中可能会出现一些意想不到的困难，让她后悔当初接受人体冷冻，那该怎么办？例如，在这个新的世界里，她不认识任何人，她以前认识的每一个人都已死去多时，活着的人她都不认识，她很难感受到快乐。如果选择接受人体冷冻的人不多，那这些少数复活的人可能会感到孤独和寂寞。可能她有一些曾孙辈后代还和她有亲缘关系，但是这种血脉的联结十分脆弱，她的这些亲属可能不会因此对她产生真正的关注和感情。

　　而且，复活后的世界和生活于此的人可能与她所熟悉的世界和人大相径庭。想象一下，假设一个在30年前死去的人在今天复活了，她可能很难适应现在这个互联网充当人们工作、社交和娱乐的主要媒介的数字化时代。对于一个来自过去的人来说，我们对笔记本电脑和智能手机的依赖会让他们感到匪夷所思。

　　现在的生活和几百年后的生活之间的差异可能更加明显，因为生物技术可能被用来彻底改造人类的DNA。未来的人类很可能与机器融合，或是经过了基因编辑后变得比我们更加聪明。他们的情绪状态，对人际关系的理解，甚至是对道德的看法，都有可能和我们的大为不同。这种情况如果属实，复活的人就难以和那个时代的人交流互动，尤其是很难建立有意义的关系；即使是最基础的交流也会变得困难，甚至变得很危险。如果未来的人类无法认识到复活后的人具有智慧，能够体会到痛苦与快乐，将他们视作威胁或与之争夺稀缺资源的竞争对手，复活的人就有可能遭到伤害、虐待，甚至被杀害。

　　人们可以做出无数种假设，在这些假设中，复活的人的生活可能比他们预想的要糟糕得多，甚至不值得去体验。但是这些假设并没有比另一种假设更有说服力，人们可以在另一种假设中想象这样的结果：复活的人发现她所在的世界比她上辈子生活的世界要美好得多；未来的人类可能更善良，更具有同情心，他们可能已经发现了永远幸福的秘诀。即使在这一层面，人体冷冻也是一种赌博：现在没有人可以断言哪一种假设在未来会成为事实。我们没有特别的理由确信一个反乌托邦世界比乌托邦世界更有可能成为现实。

谁想获得永生

哲学家经常试图证明：永生一定是不好的——无论未来的世界多么美好，它都是不好的。

伯纳德·威廉姆斯（Bernard Williams）就认为：没有尽头的生命是难以忍受的，因为我们终会耗尽那些推动我们前进的热情，比如：想要获得学位、组建家庭，或写一本书。他声称：一旦我们满足了所有的欲望，我们就会失去继续活下去的兴趣。

塞缪尔·谢夫勒（Samuel Scheffler）则声称：人类将其存在本身，以及与其相关的美好事物（如健康、成功、功绩）视作珍贵之物，因为我们知道自己的人生是有限的。所以，有限的美好事物，实现这些美好事物的有限时间，让我们珍视自己所拥有的东西，并给我们的行为赋予意义。

另一位哲学家谢利·卡根（Shelly Kagan）因担忧寿命过长所必然带来的厌倦感，而反对永生。与此同时，托德·梅（Todd May）也表达了类似的观点：无论我们对兴趣爱好和人际关系的热情多么强烈，它们都会随着时间推移而渐渐消散。

在生命的长河中，我们很难断言人类是否会对自身存在感到无聊和厌倦，是否会丧失所有的欲望，是否会因此更加渴望死亡而非继续活下去。让死亡作为人生中的一个选项确实是一个明智的想法。不过，如果我们知道自己可以选择什么时候死亡，我们也许会更加享受生活。或许，对自己的死亡有更多的控制权，比生活在死亡可能就在明天降临的恐惧中要好得多。毕竟，在我们年幼时，我们并没有持续生活在死亡阴影的笼罩下，我们也没有理由认定作为成年人的我们就无法像孩童一样无忧无虑地生活。

JS的结局

最终，法官判定JS有权要求实现自己的遗愿，她的躯体目前冷冻在世界上为数不多的人体冷冻机构之一。无人知晓她未来能否复活，何时复活，以及在其复活后迎接她的世界是什么样的。但是，在所有这些不确定中，我们至少知道她是抱着对未来某一天能够再次回到人间，享受几年（或很多年）生活的希望离开人世的，而这种希望也在她最后的日子里给了她一些慰藉。也许在未来的某一天，人类会有办法避免衰老和死亡，而我们的子孙后代也会将历史上"人们会死亡"这件事视作悲剧——无论那些人是在什么年龄离开这个世界的。有些人渴望生活在可以实现永生的未来世界，而人体冷冻可能是现今最有可能把我们带到那个世界的技术。所以，我们没有理由阻止人们尝试这项技术。

第13章　我们会变成"超人"吗

安德斯·桑德伯格（Anders Sandberg）

"以下是我提供的产品：TransLife Medichine 3000™是一套全新的维持生命的系统，该系统可以增补你的免疫系统，清除各种病毒、细菌和寄生虫。因为其数据库会持续更新和共享，所以只要你植入了这套系统，不管在世界的哪个地方遇到了新的病原体，都能一夜之间获得免疫。该系统会过滤掉毒素，还会为你提供所有的合法药物和治疗方法。此外，该系统也可以消除癌症、衰老细胞、斑块，并修复细胞间基质，所以它也能阻止人体衰老。如果更新到普罗透斯（Proteus™）版本，该系统可以在你睡觉时修复创伤，再生失去的组织，做整容手术或者改变你的性别。之后我们的雅典娜版本（Athena™）可将你的工作记忆存储量提高到70项，智商+50，允许你从我们的创库（MindStore™）或其他用户那里加载各种记忆和技能，允许你清除睡眠需求，而且还能让你有意识地控制自己的体重设定点、疼痛感知和同理心。我提到备份功能了吗？"

"那么玄机在哪儿呢？"

销售员很执着。你应该买他的系统吗？有什么玄机吗？[1]

改善人类生存状态

总体来看，人类生存状态包括很多方面。不幸的是，也存在一些问题，比如：需要睡觉、会宿醉、会痛苦、会健忘、会判断失误、会很残忍、会抑郁、也会衰老和死亡。这只是随便举几个例子。

对待各种生存状态的一种方法是尝试去接受这些局限和痛苦。学会在逆境中生存有时候对人是有好处的（在逆境中生存会让人变得坚持不懈或者谦逊）。不幸的是，逆境也会让我们变得麻木、冷酷或者将我们击垮。当然，我们不应该觉得残忍或无知才是生活的真相。

对待各种生存状态的第二种方法是克服局限解决问题。以下是人类增强技术的目标：如果我们健忘，也许我们可以改善自己的记忆力争取少忘一些东西。比如，我们可以服用增强神经可塑性的药。为了抗衰老我们可以用基因疗法来增加酶的产量（随着年龄的增长会减少），清除衰老和患病的细胞，或者增加新鲜的干细胞。

人类增强技术的案例就在我们身边。早晨要喝的咖啡或茶都含有抵制困意的刺激性咖啡因。疫苗则是一种全球集体免疫方式，可以预防我们从未遇到的疾病。基本上，我们大多数人在生活中靠着智能手机将自己和可观的庞大人群及知识联系起来。我们从不孤单，从不迷茫，从不无聊，我们可以记录一切东西。我们中世纪的祖先也会发现我们（长寿、健康、富有）过上了超人一般的生活。

什么是增强技术

给增强技术下定义这件事并不简单。有人将增强技术与所谓的"自然方法"做对比。以下是提高运动水平的自然方法：训练和合理膳食，不过精英运动员和严肃的冥想者从事的许多活动似乎并不自然，比如模拟高海拔训练、管控饮食、全神贯注地盯着墙看好几天。具体应用何种工具影响并不大（尽管当这些工具是新奇的技术而不是从文艺复兴时期的学者那里学习的复杂记忆方法时，我们往往会得到更多锻炼）。

搞清楚什么是增强技术的另一种方法是将其与所谓的"正常的"做个比较。由于我的眼睛近视，所以我的眼镜是一种增强工具吗？大多数人会说戴眼镜是一种治疗方式，会将我的视力恢复到正常水平。但是，有些人戴上眼镜却比正常人视力还好。一粒能让我变得和爱因斯坦一样聪明的药仍然可以让我保持在人类智力水平范围内，不过这一进步（相信我！）将是巨大的。

很多人尝试区分帮我们恢复到健康水平的治疗方式和使我们的身体超越一般健康水平的增强技术。但是，如果把增强技术定义为"比健康更好"，我们就先要明白什么是健康。这是一个有争议的问题，存在许多相互矛盾的答案。有趣的是，世界卫生组织对健康的定义为：

健康不仅是身体没有疾病也不虚弱，还包括生理、心理和社会适应上的完好状态。

这表明迄今为止没有人是健康的。如果我们想变得世卫组织所定义的那般健康，我们会生活在一个梦想的世界里。

增强技术也包括一些能力拓展，这些拓展项不是增强我们已有的能力而是赋予我们新的能力。一些人会植入可以让他们感应磁场或远程地震信号装置的磁石。那些亚文化圈的人（喜欢修饰身体之类）会想改变自己的形体以使其符合自己的身份特征，甚至会使自己舌头分叉，长触角，留胡须和挂鳞片。我们的智能手机赋予我们"无线电心灵感应"的能力从而实现远程交流。

　　把提高我们已有的能力（记忆能力、保持健康的能力和情感能力）叫作增强能力，而把增加新能力（感应磁场和无线电的能力）叫作拓展能力可能是恰当的。但不管我们是在讨论能力增强还是能力拓展，这些提升都是权衡利弊的结果：痛苦的感觉有时候很重要，但也并非总是如此。有时候愚钝一些会更好，这也是许多人会喝酒的原因。我们得到一些东西的同时也会失去一些东西，但通常我们只希望这种情况是短暂的。关键是我们能在自己觉得会提升幸福感或者有用的事情上做得更好。

人类，超人类，后人类

　　在未来，我们可能会在增强技术方面取得比现在更显著的进步。我们正在研究我们的身体和大脑，学习如何利用外科手术、基因工程、纳米机器和软件来帮助提高我们的能力。毫无疑问，一些人会利用这些机会（同样可预测的是，另一些人会说这是非常糟糕的主意）。随着时间的推移，我们这一物种将会发现哪些变化是有帮助的，而哪些变化只会是穷途末路。

至于那些比当前人类更强大的人类，我们可以称其为"超人类"（植入TransLife Medichine 3000™系统的人可能被视为超人）。显然在很多事情上超人类要强于人类，即便在道德上不见得如此。

超人类可能会发现能力越大责任越大。他们也许不必披着斗篷打击罪犯，但如果他们可以预见某些糟糕的事情即将发生而自己可以阻止这一切，那他们就有理由这么做。超人类比普通人类更聪明，因此就有义务去做普通人不做也无可厚非的事情。其中一些责任可能会自然而然地激励你：如果你想活几百年，那你为了自己也理应（除了无私的理由之外）保护环境和（人类）文明。因此，我们可以要求超人类遵守更高的道德标准：凭借他们的智力和自控力，他们应该表现得更好。对于某些人来说，这听起来像是避免使用增强技术的理由，但通常如果做某件事是好的，我们就应该希望最好可以做到。做一个有道德的人或好人（不管这到底意味着什么）似乎是一件我们应该一直努力实现的事情，即使这意味着要在大脑安装一个道德协同处理器。

但是我们能把自己变成一个新物种（后人类）吗？

事实上，从生物学来看，创造一个新的人类物种很容易。要做到这一点，我们只需要一群拒绝和外界人员生孩子的人，然后等足够长的时间。如果这群人继续进行生殖隔离就会像其他动植物一样进化成新的物种：随机的基因改变将会让他们无法与其余人类实现基因兼容，之后便能形成新的生物物种。只是这一过程需要花很长时间，需要献身精神。幸运的是，这似乎不太可能实现，而且最重要的是，这一过程只会产生一个和我们其余人类功能相似的人类物种。他们可能看起来和我们略有差异，但不可能存在真正的本质上的不同。

但是，如果我们增强自己的能力从而让生活变得完全不同会怎样呢？以下是尼克·博斯特罗姆（Nick Bostrom）对后人类的定义：

后人类是指至少拥有一种后人类能力的生物。我所说的后人类能力是指一种通用核心能力，远超当前人类不借助技术手段所能达到的最大能力。

"通用核心能力"的"通用"在于其以开放式的方式涵盖生活方方面面，"核心"在于其是生活所必需的。尼克列举了健康寿命、认知和情感方面的例子（相关的例子还有很多）。不会衰老的人可能会成为后人类，因为健康长寿是一项通用核心能力，但是从不需要睡觉的人只是增强了某些相对特殊的能力。身强体壮并不会让你成为后人类，因为身体的强健只影响生活的一部分，但是如果你拥有超强智力，你所做的一切事情都会受到影响。

那全新的通用能力呢？也许会出现全新的思维方式或意识，只有拥有它们的人才能算作后人类，即便这些能力当前的人类还不具备。这些能力并不是当下人类生活的核心，仅是后人类生活必需的核心。

做一个后猿类好吗

我们真的能变成后人类吗？我们可以把自己想成后猿类，通过盲目的自然进化走到今天。这种情况可能再次发生，不过正如我上文所讨论的那样，最有可能造成这种情况的是我们自己。

作为后猿类的我们并没有那么极端。我们大部分人的生活都涉及与猿类同样的通用核心能力——我们会像猿猴一样生气或者兴奋，我们的大部分需求也和它们一样，尽管我们以更复杂的方式获得食物以保持健康。但是人类生活的某些方面甚至对于我们的近亲大猩猩来说都是完全陌生的。我们通过语言来体验这个世界，这让我们不仅可以将感情和知识传递给邻里，还可以将其传递给后代。我们逐渐有了故事，产生设想，发展技术，最终有了积淀的文化。而这是其他的物种没有的。我们（大多数）要比大猩猩聪明得多，我们可以解决他们不能解决的问题，想到他们完全意识不到的事情。我们知道我们是一个物种，我们会写诗抒发自己的情感，也会梦想自己未来可能变成的样子。

我们也会不无诙谐地想象：一些猿曾经也讨论过变成后猿类好不好。他们可能会注意到变聪明更容易觅食成功，所以后猿类会有很多香蕉，这显然是件好事。这些猿是对的：人类种植和生产的香蕉数量超出了猿的想象。我们大部分人也喜欢吃香蕉。然而，当猿类注意到我们除了有惊人的香蕉获取能力，还得在其他事情上浪费时间时，可能会感到沮丧。我们坐在书和电脑旁，开着并不怎么有趣的漫长会议（尽管水果碗就放在桌子上），人类世界的大部分事情对于猿来说似乎都没有意义。

所以，我们是否未能变成成功的后猿类？

大部分人都会这样回应：虽然我们确实喜欢很多猿喜欢的事物，从香蕉到性再到交朋友，但我们也有人的乐趣：

体育、艺术、科学、宗教、哲学……它们的价值猿是不能理
解的，作为人类的我们却可以欣赏。所以猿类只能听我们的
话。这些神秘的事物源于我们略微拓展的思维能力，所以我
们才刚刚开始探索艺术和科学会引领我们走向何方。

当我们在想变成后人类是不是个好主意时，也可以运用
同样的推理方式。是的，后人类将会拥有非凡的能力从事艺
术、科学和其他有价值的事情（也许包括享用香蕉），不过
大部分价值可能都来自我们不能理解的事情。我们只是还不
够聪明，看不到科学和哲学之外的东西，我们的情感太过原
始还无法超越道德标准，我们的寿命太短暂，还注意不到这
个世界的重要规律，而这些规律对于那些可以留心观察世界
几千年的人来说显而易见。所以后人类可能主要重视我们无
力关注的事情。不过这样很好！事实上，这可能要好于仅仅
拥有更多现在已经存在的东西。香蕉是不错，但我们并不想
用香蕉覆盖地球。

我是……我所想的那样吗

现在还有一个问题：如果增强技术让我们不再是我们，
那会怎样呢？如果有人提议要用在各方面都比你优秀的超人

类来代替你，你依然可以合情合理地拒绝：这对你没好处，即使其他人都对此满意。同样，人们可能也不希望人类被与我们没关系的超人类替代。

一般来说，我们似乎很乐意增强那些对于塑造自我形象并不关键的功能。提高记忆力，学习新语言，变得更机敏？就这样去做吧！但是，在一项调查中，只有9%的人想要服用善良增强剂。你会觉得反对的人是错的：我们应该努力变得更善良。但是如果存在保留本我的价值，过度改变一个人的情绪和性格会使一个人变成另一个不同的人，那么拒绝服用善良药丸可能就是合理的。

多大的改变会让我们变成一个不同的人？大多数成年人都说他们与孩童时期的自己是一样的，尽管他们的体形不一样，对世界的看法也完全不一样。孩童时的自己可能难以认出现在的自己，更不会认同现在自己的观念和行为（问任何一个孩子对于普通成年人的看法就知道）。成年人之所以觉得他们与孩童时期的自己没有什么不同，是因为在他们心中，他们一直是自己记忆中的那个小孩。他们会讲关于自己如何长大又变成了现在这样的故事。成年后的自己仅仅是未来许多可能性中的一种，这也是孩童时的自己可能认不出成年后的自己的原因。

这也让我们感觉到在成长过程中个人的变化（如果不是过于剧烈）到底会有多大。同时，这也表明我们前后的认知是不对称的：改变前的我们和改变后的我们看法是不一样的。在很多方面，这就和前面关于后人类的讨论（他们会重视我们不重视的事情）类似。如果变成后人类就像长大一样，那就没什么问题了。

我们通常不介意循序渐进的改变。如果我们不喜欢这种改变，我们通常觉得可以变回原来的自己。深思熟虑的改变建立在我们现有的价值观基础之上，改变之后的我们仍然具有相同的价值观，也就是说过去的我们和未来的我们是一致的。人们对于剧烈变化存在如下担忧：这种变化会极大地影响我们的价值观和身份认同，以至于即便这种变化很糟糕（按照我们之前的标准），剧变后全新的自己也认识不到这个问题，而我们将丧失整个未来。

人性可能也会发生类似的变化。几乎不会有人担心如果人类幸存下去最终将会发生基因漂变，变得与现在的我们截然不同。我们可能会担心基因漂变或者基因选择会产生退化的人类，他们缺乏我们所看重的品质[2]，我们采取措施确保自己不会朝着这个方向错误进化。但是改变本身不是一件坏事。人类逐渐变得更好（更有道德，更有能力，且具备新能力）的未来听起来很棒。

突然跨越到那种状态可能让人类会失去我们所重视的连续性（当你参观博物馆时，你会体会到跨越千年的共同情感，也会为在过去文明成就基础上的建设而感到自豪，这是一种美妙的体验）。更糟糕的是，这种跨越可能会改变我们对事物的评价方式，让未来的人类无法意识到其已经失去了一些重要的东西。这也是像弗朗西斯·福山（Francis Fukuyama）那些对人类增强技术持批判态度的人极其害怕的事情。

对于什么样的改变会改变我们对自己的评价，并不是每个人都看法一致。事实上，对于如何定义自己的存在这件事，人们的看法大不相同，所以对一个人来说可以接受的改变对于其他人来说也可能过于激进。我们能做的最好的事情就是尊重各种选择，确保持有不同观点的人都被考虑到，也都获得了全面的信息。同样，我们可能想让一些勇敢的人先行探索后人类的道路，报告他们的发现，以便我们剩下的人能明确改变是不是个好主意。没必要所有人（或者超人类，后人类）都一样。事实上，日益多元的社会对我们是有好处的，如果我们可以应对它的话。增强包容性可能是我们当前的首要任务之一。

那个执意推销TransLife Medichine 3000™系统的销售员

提到的大多数增强功能看起来都只是改善。无论我们的生活计划是什么，我们都希望获得健康，理想的寿命是80岁还是800岁可能取决于我们是谁，不过仅仅一个世纪后就可以选择长寿而不是短命终究是一件好事。生产药物、改变样貌或者不睡觉一直工作的能力是否可以改善你的生活可能主要取决于你是谁。真正的挑战可能在于你是否能下载记忆并为自己做备份，这些特点事实上能在重要方面改变你。如果你想那么做，那你也许应该谨慎尝试。

归根结底，比起从猿变成后猿类，TransLife Medichine 3000™系统带来的变化可能没有那么大。

来，吃根香蕉。

注释

1. 在实践中，技术总会出现问题，包括价格问题、隐私问题、漏洞问题，等等；但在哲学的视角下，我们可以把这些问题抛在一边寻找根本问题。当然，开发真正的增强技术以及逐渐向后人类演化也必须以解决现实问题为着眼点。

2. H. G.威尔斯（H. G. Wells）的《时间机器》（*The Time Machine*）中野蛮的食人族莫洛克人（Morlocks）和无能的埃洛伊（Eloi）浮现在脑海中。

第四部分

未来的生活

Part Four

Future Lives

第14章　性别差异在未来会消失吗

布莱恩·厄普（Brian Earp）

　　有些人认为应该消除性别角色间的差别（gender）。他们的意思并不是说我们应该消除生理性别（sex），即女性和男性之间的生理或生物学差异。[1] 他们的想法是，如果生理性别不与社会角色强制挂钩——规定人们应该如何根据他们的生理性别行事，无疑对社会更有益。对于如何实现这一未来的美好前景，他们的建议是完全废除性别差异和与之相关的文化规范。[2]

　　如果你想了解这一前景应当如何实现，请看以下示例。在当代西方文化中，大众普遍认为女性穿裙子是正常操作，男性则不然。穿裙子的男性会吸引异样的目光，因为他们违反了社会的着装规范。但是，如果一场组织良好的社会运动能使足够大比例的男性习惯性地穿裙装，这一规范的权威性最终会被削弱。随着更多的性别特质和行为举止经历这一过程，男女性别角色之间的区别会日渐式微。一旦到达极限，任何区别都将不复存在。这一极限代表了性别（即基于生理性别的社会规范区分）的完全废除。希望实现这一目标的人可以称作"性别废除主义者"。

当然，并不是人人都是性别废除主义者。恰恰相反，许多人认为性别角色恰如其分或是自有其价值，甚至难以避免且"符合自然规律"。在这条光谱的一端是在社会议题上持保守态度的宗教人士。他们认为上帝把人类塑造成男性和女性，就像其他有性繁殖的动物一样，但也根据性别赋予了两性某些（不同的）职能或责任。因此，为了成为上帝眼中合格的男性，男性应当身强力壮、保护弱小（包括其他刻板的"男性化"特征），而女性应当温柔体贴、养儿育女（包括其他刻板的"女性化"特征）。

但不仅仅是宗教保守派坚称我们应该以某种形式划分性别，在光谱另一端的一些进步人士也这样想。他们认为性别可以帮助某些弱势群体的成员在社会中理解自己的思想和身体。最近，有人将这种观点表述为，具有跨性别身份认同的人可能会发现自己在一个没有性别的社会中被颇有成效地"抹杀"掉了。[3]

正如下文所述，对于这一问题，不同的人有不同的理解方式。但为了了解这一观点，请设想一个拥有男儿身却对自己的性特征毫无亲切感的人。假设这种疏离至少部分是由稳定的内部因素造成的：不完全是由不公正的社会压力造成的。现在，假设此人发现他们这类人如果以明显的女性性别角色生活最能远离内心痛苦，也最能实现全面发展。[4] 如果这样的性别角色不存在了，此人（以及像他一样的人）的处境无疑会更加糟糕，同时他们自我概念或身份认同的完整性也会受到威胁。那么，消灭性别这一举措是否太冒险了？我们依次看一下这些论点。

赞成消除性别差异派

先从支持消除性别差异的立场开始看。为什么会有人想要消除性别差异？为了理解这一观点，我们应该先了解一下社会现状。在西方文化中，有一套强大的思维假设，影响着许多人对性和性别的思考，即使我们很多时候意识不到。不妨把这套思维假设称为"主流性别意识形态"（Dominant Gender Ideology，DGI）[5]，它大概有如下这几种形式：

主流性别意识形态1：世上只有两种性别，即男性和女性，而且几乎所有的人都只适合其中一种性别；

主流性别意识形态2：男性和女性各有一个恰如其分或

"符合自然规律"的性别角色；

主流性别意识形态3：男性就应该有男孩样、男人样，扮演男性化的性别角色，而女性就应该有女孩样、女人味，扮演女性化的性别角色；

主流性别意识形态4：偏离主流文化认可的社会性别角色这一"剧本"太远的人"离经叛道"——在历史上[6]，人们可能会将这一行为视作精神疾病或道德品质缺陷的标志，为了他们自己的利益或社会的利益（例如为了恢复社会和谐，维护事物的"自然"规律，顺服上帝的安排或其他原因），那些不符合主流性别意识形态的人可能需要被"拉回正轨"。

像这样的一套观点对世界上大多数人来说可能不过是常识，但批评者认为其存在重大问题。首先，主流性别意识形态忽视或淡化了双性人或性别多元者的存在，他们的身体并不完全符合主流性别意识形态1。它还使跨性别者和具有某些少数性取向的人难以生活，[7] 因为他们触犯了主流性别意识形态3。而主流性别意识形态2和主流性别意识形态4给几乎所有人设定了不同程度的限制。

现实情况其实更糟。在许多社会中，男性（男孩/男人）的性别角色规范被设定为跋扈、好斗、有权威、渴望权力，而女性（女孩/女人）的性别角色规范被设定为顺从、被动、服从于男性的权力和权威。如果每个人都扮演他们被设定好的角色，并按照剧本演下去，会发生什么？很显然，剧情将会这样发展：男性将不成比例地掌管整个社会，而女性将被踩在脚下。[8]

因此，倡导妇女平等的人反对这一现状自然是顺理成章了。继续用戏剧打比方，如果社会上的大多数"导演"或"剧作家"，即那些有能力按照他们个人好恶塑造文化规范、社会制度和公共叙事的人都是男性，他们将倾向于雇用男性演员担任主角，并创作以男性为主角的作品。更重要的是，他们会倾向于将彼此安置在导演和剧作家的位子上，并以维护这唯一"正确"且"恰当"的现状为目的创作剧本和故事。"男性天生更擅长写作和表演，"他们可能会这样说，"这解释了为什么女性较少涉足戏剧界。"

这种现状显然是不公平的。那么这一问题应如何解决呢？一种方法是尝试"重写"男性和女性的性别角色，使他们之间不会产生失衡。这样一来，即使人们接受了他们被设定好的角色，两性之间在社会权力和地位方面的不平等也会减少。根据这一方法进行改革，社会可能会尝试对一些传统上属于男性的特征进行重新定性，如支配性、攻击性和有野心，并使其更加性别中立；对于"女性化"的特征也应如此，如有同情心或情感外露。

虽然改革前途光明，但这种方法可能会面临某些阻碍。一个潜在的阻碍是实践上的；另一个则更多是概念上的。

实践上的问题

以攻击性这一特征为例。假设我们的目标是让人们不再认为攻击性是一种男性特征，且主要与男性的性别角色有关，而开始认为它是一种女性特征，与女性的性别角色有关（或者与两者有关的可能性相等）。对于那些将两性视为"白板"的人来说，除了因文化条件产生的差异外，任何固有的心理差异都不存在，即使在群体层面上也是如此，在他们看来这一要求也不算太高。根据这种观点，攻击性在文化上与男性气质而不是女性气质相联系是一种随机的偶然现象，我们最好着手开始解除这种联系。

此外，也有人认为这种关联不是随意而为，而是反映了男性和女性之间潜在的生物学差异，这种差异平均地存在于群体层面，与任何文化影响无关。[9] 根据这种观点，这种基本差异必然会被我们大脑的统计学习机制（通过检测行为模式来运行）所关注到，并继续构建相关的刻板印象，最终在更广泛的文化中流传开来。如果这一假说成立，那么在许多文化中，人们之所以将攻击性（也许还包括其他"男性化"的特征）与男性概念相联系，可能真的是因为男性平均来说更具有攻击性（及其他特征），而不仅仅是由于他们的性别特征受到社会影响。

但我们对这一问题的处理必须小心谨慎。即使人们的某些心理特征与两性之间的联系存在一些生物学基础，它也不会赋予我们规定别人"应该怎么做"的权力（即制定一套强制性社会规则对男性或女性应该如何行动、思考、感觉或与他人交往进行限制）。比如，男性的攻击性更强，这种差异可能（只是假设上）完全是生物学因素导致的，但我们可能仍想重写男性和女性性别角色的文化"剧本"，使这种特征（以及所有其他所谓的男性或女性特征）在社会规定上对所有性别一视同仁。

现在不妨设想一下，假设我们确实成功地做到了这一点。是否又会产生一个概念上的问题？

概念上的问题

现在假设你在性别议题上提倡改良而不是完全废除（性

别）。你并不想完全消灭男性和女性的性别角色，但你确实想让它们变得不那么僵硬、严格，而是更加宽泛，在权利和地位方面更加平等。[10] 因此，你把原本所有强化男性统治地位的"男性化"特征和所有强化女性从属地位的"女性化"特征剥离出来，并努力改变社会，使这些特征随着时间的推移与两性相关联的概率逐渐趋同。

好吧，你实际上可能已经成了一个性别废除主义者，尽管你自己不这么认为：如果大多数男性化特征现在同样是女性化的，或者大多数女性化特征现在同样是男性化的，两性之间的区别就开始瓦解了。因此，无论什么性别的人都可以自由地成为他们喜欢的样子，因为他们再也不必严格按照规定性别角色的"剧本"行事，再也不会被人说成是偏离正轨（即在主流性别意识形态4中被指控为"离经叛道"）。同样，在极限状态下，性别角色或规范将不复存在。

而这正是许多人想要实现的未来。正如一位性别废除主义者所言，性别角色的存在，无论它们规定了什么，都是"与生俱来的压迫"。[11] 这一观点认为，人类不可能在文化上将某一（哪怕是积极正面的）特征赋予特定性别而不是另一个性别，这么做一定会使很多人被排除在外，使他们受到社会制裁和其他类型的伤害。举个例子，假设有一天，支配性被视为一种女性化的特征。这对拥有这种特征的女性来说是件好事，不管这是由先天因素还是后天因素决定的（也有可能是由两种因素共同决定的）。但是人们又会认为缺乏支配性的女性在这方面存在缺陷；而拥有支配性的男性将被视为越轨。

另一方面，如果支配性被人们视为在两性中旗鼓相当的特征，那么它将变得中立，人人都可拥有。其他所有目前被认为属于男性或女性的特征也是如此——包括不同文化间存在差异的那些，比如：是穿西装打领带还是穿裙子、化妆，剃掉某些身体部位的毛发，喜欢特定的配色，抑或是把头发剪短还是留长。

这就是性别正义最终实现后的景象：在这个世界上，任何性别的人都可以自如地展现任何特征，而不用担心会有什么后果。在这里，知道某人有什么样的生殖器，对于猜测其着装风格、化妆习惯、行为举止、性取向、职业抱负、心理状况或与他人交往的方式提供不了任何线索。性别废除主义者问道："个人创造自己独特的身份认同，而不必顾虑他们的生理性别，这到底有什么可怕的？"[12]

反对消除性别差异派

这就是事情开始变得棘手的地方。在最近的一篇论文

中，哲学家马修·J. 库尔（Matthew J. Cull）认为，"我们应
当对废除性别这一立场保持警惕，因为它危及跨性别者的生
命"。[13] 为什么会产生这样的结果呢？我们之前不是讲过，
跨性别者也是主流性别意识形态的受害者吗？我们确实这么
说过，还强调了该意识形态的第三个假设：男性应该扮演男
性的性别角色，而女性应该扮演女性的性别角色。然而，至
少按主流性别意识形态的标准看，许多跨性别者将这一假设
完全颠覆。具体来说，其中拥有男儿身的人常常觉得扮演女
性的性别角色更舒服，或者说能更好地"做自己"，而其
中拥有女儿身的人常常觉得男性性别角色更契合自己。[14] 因
此，如果任何一方希望按照性别角色生活，或者像某些观点
认为的那样，真正成为自己所认同的对应性别的人，他们必须
"违反"主流性别意识形态的这一核心假设。这反过来又使他
们（不公平地）遭受暴力和其他形式的虐待，因为他们是所
谓的"离经叛道者"（即主流性别意识形态4所指的那样）。

　　因此，性别废除主义者表示，为了削弱主流性别意识形
态的影响，为什么不干脆废除性别呢？如果在文化层面上不
再期望男性或女性以特定的方式行事、思考、感受或与他人
相处，就不会有任何人被说成是偏离了性别的"剧本"，因
此也就没有依据认为任何人扮演了"错误"的角色（比如扮

演的性别角色跟生理性别不一致）。简而言之，唯一存在的只有生理性别和个性化的自我表达。

但库尔认为，这正是问题所在。如果没有性别，跨性别者（这一定义）亦会不复存在。换句话说，这种情况下他们作为跨性别者或任何"性别"的人，从概念上就不可能继续存在了。然而，以某种方式被划分为某一性别，例如，以男性或女性的形象示人或被社会承认为某一性别的成员，而不论生理性别如何，往往是一部分跨性别者自我认同和福祉的核心。[15] 因此，库尔写道："我们的道德与政治目的之一应是维持性别的存在，以公正地对待跨性别者的性别认同。"[16]

审视反对派论点

让我们更仔细地审视库尔的论点。假设我们设法完全消除所有的性别角色、规范和刻板印象，像"女人"或"男人"这样的性别认同在现实世界中将失去意义。相反，只有"女性""男性"，也许还有"双性人"等词语仍然具有实际意义，我们区分人类时也只会使用其生理性别。[17]

现在考虑这样一种观点，即跨性别者是任何不把自己视为与其生理性别相对应的性别类别成员的人[18]。举例来说，根据这种观点，跨性别女性是指其生理性别不属于女性，但自我认同为女性的人。这样的人在我们所设想的场景中将会处于何种地位呢？库尔认为，"在一个没有人认同为女性的社会中，跨性别女性也就不复存在了"。在这一规则也适用于跨性别男性乃至全体跨性别者。因此，库尔的结论是，"如果要实践性别废除主义的观点，跨性别者就会被从社会中彻底消灭了"。[19]

这一前景似乎相当骇人听闻，但我们可以按照不同层级的极端程度对库尔的结论进行一些阐释。在最极端的情况下，废除性别可以被认为等同于种族灭绝：如果你消灭了性别（即努力废除所有的性别角色、规范和刻板印象），实际上就灭绝了跨性别者。事实上，库尔似乎确实对类似这样的解释持开放态度："世界各地的跨性别者每天都面临着各种试图消灭他们的潜在暴力行径。"[20]虽然他认为现实中的性别废除主义者并不会支持这种行为。然而，库尔还是有疑问："以非暴力方式消灭性别和跨性别身份会是什么样子？究竟如何才能构建一个这样的社会，即让跨性别者不再认同为（他们所向往的）性别中的一员，并且乐意这么做？即使真有可能构建起这样的社会，其过程也将艰苦卓绝。"[21]

或许这样的事情真的会发生。但是，在上述设想中，将从社会中被"消灭"的不仅仅是跨性别的女性和男性。事实上，包括非跨性别的女性和男性在内，但凡一个人的性别认同无法简单归结为其生理性别，按照库尔的说法，他们都会被社会"消灭"。库尔可能会回答说，在目前的社会条件下，性别认同对他们而言很重要，并且希望在未来保留这种认同的人群，并没有像跨性别者那样被边缘化，因此我们应该更关注后者被消灭的潜在风险。或者，库尔可能会认为这种情况更印证了他的论点的说服力：库尔所反对的性别废除不仅会威胁到许多跨性别者的身份认同，事实上也会威胁到所有具有性别认同的人，这反而为以某种形式维持性别的存在提供了额外的理由。

无论如何，对于库尔的结论，我们也可以从不那么极端的角度去解释。我们可以设想一个叫斯蒂芬（Steph）的人，此人生理性别为女性但在社会性别上认同自己为男性（因此按照上述概念这是一名跨性别男性）。现在假设鉴于性别的存在，斯蒂芬认同自己是一个男人，但如果性别不存在，斯蒂芬的性别认同就难以为继。如果性别被废除了，"男人"以及"跨性别男性"这样的概念无法再描述任何人。至少可以用两种方式阐释这一情况。

一种方式是说，由于废除了性别，包括斯蒂芬在内的所有跨性别者都被社会消灭。这似乎呼应了库尔提出的"暴力"解释。但另一种解释是这样的：斯蒂芬，一个在特定性别概念受到社会广泛认可时被认定为跨性别男性的人，仍然好好地存在着，但现在所拥有的自我概念不一样了。

虽然后一种解释听起来没那么骇人了，但实际上我们并不了解这种情况对斯蒂芬来说是好是坏。进行一个粗略的类比应该能让人更清楚地了解这一点。

打个比方

历史上有个人叫木户孝允，他是19世纪后期的一名日本武士。在19世纪70年代明治天皇统治时期，"武士"这一社会类别被正式废除之前，木户一直认为自己是一名武士。事实上，传统武士的社会地位在过去一段时间内已经有所下降，因为日本当时正在经历工业化过程，军队也更加现代化，阶层固化亦有所改善。然而，突然失去官方的认可肯定会让人心生芥蒂。在这个现实案例中，木户本人并没有被社会消灭，即被杀害或流放，而是成为在新建立的明治政府中任职的一名政治家。和其他"前"武士一样，他现在被认为是"士族"——一个具有不同权利和特权的新的社会（阶层）类别，但其阶层划定标准与前者（武士）高度重叠。

　　木户的自我认同感如何，他担任官职或作为"士族"是否觉得称心如意，他能在适应新角色时保有本心吗？可以肯定的是，在19世纪70年代之前，武士的身份绝对是木户自我认同的核心。它框定了他与其他人日常互动的形式，塑造了他的价值观和生活方式，影响了他的穿着和行为，并为他存在于世提供了条件。那么，废除"武士"这一社会类别，无论是通过渐进的、社会层面的侵蚀，还是最终通过一纸正式法令来实现，似乎都会让木户异常痛苦，使他的自我意识产生混乱。

　　但这亦取决于许多因素。木户在过渡到新的社会角色时是否受到足够的支持；他本人是否对这些新角色感兴趣，还是因为缺乏更好的选择而被迫适应这些角色；当"武士"这个类别开始失去社会认可时，除了"武士"之外，木户是否还有其他身份来构建他的自我概念；木户是否拥有特殊的心理或行为特质，使他特别适合武士这个角色；是否有其他的角色也能与这些特质相匹配？显而易见，作为一名"前"武士，木户是否能在新社会生存下去将取决于对于这些和其他问题的答案。

　　历史上，武士之间其实存在分歧。许多人强烈抗拒环境的变化，并希望传统的社会角色和规范得到保留。当武士阶层被正式瓦解时，一些人迷失了自我，对他们在社会中的地位感到困惑，不再清楚他们究竟"是谁"。其中一些人可能郁郁寡欢，想一死了之。有些人可能在私下里继续自我认同为武士，对这个概念不再被其他人用来指代任何现有的人感到沮丧或愤恨。有些人拿起了武器，反抗这些变化，但被国家权力强行镇压。

然而，其他人则欢迎这些变化的到来，其中有些人甚至在建立明治政权的过程中立下赫赫功勋。他们找到了新的社会角色，如政府官员、教师、艺术家和农民以及其他许多行业中的人。很多人对他们的新角色、新身份感到满意，认为以前的社会阶层划分是实现公正社会的阻碍，即使他们可能从中受益。[22]

19世纪的武士，就像今天的跨性别者一样，并不是一个同质型群体。[23]

完成类比

让我们回到前文提到的斯蒂芬身上。我们能从上述类比中学到什么呢？在性别被最终"废除"之前，我们可以假设，就像"武士"这个类别对于木户而言一样，"男人"这个类别绝对是斯蒂芬自我认同的核心。它让他能够在自身所处的文化环境中使其拥有的经验和人际关系在个人层面上具有一致性，并且可以被社会理解。因此，如果性别废除主义者实现了他们的目的，这对斯蒂芬和其他像他一样的人来说意味着什么呢？

和木户的例子一样，结果如何需要分情况考虑。像斯蒂芬这样的人（也就是目前认同自己为跨性别者的人）是否能够适应更广泛的文化中性别划分的消失？这种丧失会是渐进的、非正式的，由草根阶层的转变所驱动吗？还是自上而下的法律和政策（也）明确地取消了性别划分？例如，出于官方的目的，以生殖器或染色体对人进行分类。[24] 是否会发展出新的概念，使斯蒂芬这样的人的个人品质受到公正对待，让他们的身心与社会环境相协调？[25] 是否（当前的）一些跨性别者可以在后性别世界中茁壮成长，而一些人却只是痛苦万状？

预知这一切问题的答案是不可能的。在前文用于类比的历史案例中，许多武士实际上因为自身的社会类别被废除受到了伤害，而且在某些情况下还产生了暴力后果。现在请关注这一类比与其他类比之间最重要的反差点。在19世纪70年代之前，武士是当时社会中最为显赫的成员之一，而今天的跨性别者则截然相反。由于废除性别有可能对这一群体中至少相当大比例的人造成巨大伤害，库尔建议我们应该采取谨慎预防的态度，反对废除性别的做法。

结论

我们似乎陷入了僵局。性别废除主义者担心，目前的主流性别意识形态是有害的，并且系统地压迫着妇女。他们认为，仅仅改革性别角色并不足以解决这些问题，所以需要将其彻底废除。另一方面，反对废除性别的进步人士虽然也反对主流性别意识形态的各个方面，但他们担心完全废除性别有可能伤害到跨性别者。面对丛生的问题考验，是否有办法向前推进社会发展呢？

我们可以采取的一个步骤是要从现实出发。正如女性主义哲学家萨利·哈斯兰格（Sally Haslanger）最近表示，无论我们是否喜欢，至少在物种层面上，男性和女性之间存在着一些文化上的突出差异，而这些与社会化影响无关。因此，她预测，"只要人类还作为一种生物进行繁殖，无论在什么环境下都会出现性别系统和性别叙事。"[26] 如果这一观点属实，那么完全废除性别也许无法实现——或许这足以缓解库尔等批评家的担忧。换句话说，只要能让他人理解，某人（希望）成为社会认可的性别类别中的一员，那么（当前定义下的）跨性别者就不需要从社会中被"消灭"（无论在上述何种意义上）。同时，我们必须尽力修改现有的性别"剧本"，以抹去那些倾向于维护男性统治地位和女性从属地位的内容。最重要的是，我们必须消灭主流性别意识形态4：在任何情况下，社会都不应该仅仅因为有些人"不按剧本行事"而惩罚他们——其行为既非有违公正，也没有对他人造成伤害。

注释

1. 关于对生理性别这一生物学分类的简要说明，见N. Hodson et al., Defining and regulating the boundaries of sex and sexuality, *Medical Law Review*, 27/4（2019），541–52. 关于生理性别（在这一语境下）和性别之间的关系，见B. D. Earp, What is gender for?, *The Philosopher*, 108/2（2020），94–9.

2. 关于废除性别的经典讨论，见R. Wilchins, *Read My Lips: Sexual Subversion and the End of Gender*（Firebrand, 1997）；K. Bornstein, *Gender Outlaw: On Men, Women, and the Rest of Us*（Viking, 1995）. 亦可见D. Boyarin, Paul and the genealogy of gender, *Representations*, 41（1993），1–33, 讨论保罗的形而上学传统，根据这一传统，男性或女性并不存在（from Paul's letter to the Galatians, 3:28）.

3. 有些人并未用"性别"（gender）指代基于生理差别的社会角色或类别，而是以此指代一种内在的、心理上的感觉，即自己是或不是这种类别的成员（有时称为"性别认同"）。但这可以说是以社会类别的存在为前提的，当其各自的成员标准必须在某种程度上有实质性的不同时，这样类别内部的性别意识才有（非个人层面的）意义。如果这是正确的，那么废除社会意义上的性别也会破坏性别认同。有关这一话题的进一步讨论，见K. Jenkins, Toward an account of gender identity, *Ergo,* 5/27（2018），713–44.

4. 通往跨性别身份的途径有很多，并不是所有的途径都与对自己的生殖特征或性别表现的（"内心上的"）不适有关。关于可能导致这种不适的"外部"力量（如欺凌和污名）的讨论，见R. Dembroff, Moving beyond mismatch, American Journal of Bioethics, 19/2（2019），60–3. 关于女性身份作为一种审美或政治愿望的正面描述，见 A. L. Chu, On liking women, N Plus One, 30（2018），47–62.

5. 必须强调的是，性别废除主义者和他们的（进步派）反对者都对现状感到不满。他们只是看到了不同的前进道路，并以不同的方式权衡相关结果。注：关于主流性别意识形态的更复杂、更有哲学意义的论述，见R. Dembroff, Beyond

binary: Genderqueer as critical gender kind, *Philosophers' Imprint*, 20/9（2020），1–23.

6. 而且，不幸的是，今天在一些地方仍然如此。

7. 社会强制划分的性别角色包括对性取向的期望。换句话说，男性和女性的主流"剧本"的一部分是，他们应该只（想）与"异性"类别的成员发生性关系。

8. 关于这一问题的重要理论讨论，见K. Manne, *Down Girl*（Oxford University Press, 2017）；C. Chambers, Masculine domination, radical feminism and change, *Feminist Theory*, 6/3（2005），325–46.

9. 要深入了解这一领域的一些对立观点，请参见以下列文献：J. Archer, Does sexual selection explain human sex differences in aggression?, *Behavioral and Brain Sciences*, 32/3–4（2009），249–66.

10. 对于这种观点，不妨考虑一下一位哲学家对她的学生的看法："在他们看来，'女权主义革命'不需要消灭性别，作为一个女人或男人并不是主要问题，真正的问题是人们如何被看待和对待。"M. Mikkola, *The Wrong of Injustice: Dehumanization and Its Role in Feminist Philosophy*（Oxford University Press, 2016），pp. 125–6.

11. G. Gillett, We shouldn't fight for 'gender equality'. We should fight to abolish gender,New Statesman, 2 October 2014.

12. Gillett（2014）.

13. M. J. Cull, Against abolition, *Feminist Philosophy Quarterly*, 5/3（2019）, 1–16, p.1.

14. 在某些情况下，跨性别者在女性或男性的性别角色中感觉更为良好的其中一个原因是，他们（在生理上）本身就是一名女性或男性。关于对这种说法的各种理解方式的深入讨论，见T. M. Bettcher, Feminist perspectives on trans issues. In *Stanford Encyclopedia of Philosophy*, 8 January 2014.

15. 这对于跨性别者，乃至所有认同目前存在的性或性别二元结构的人来说尤其如此，他们会（想）继续在这样的二元结构中保持认同，即使是在某些男女之间的社会区分被打破的情况下。相比之下，非二元性别者或酷儿对废除二元性别的看法可能有很大不同。

16. Cull（2019）, p. 8, 着重强调。

17. 正如洛里·沃森（Lori Watson）在个人通信中所指出的：“如果我们生活在这样一个世界里，在那里我们‘读出’的某人的性别将与现在不同，我们可能会使用第二性征来区分人们。但对许多人来说，这些性征是不明确或模糊的。因此，在这个想象中的世界里，将人们分为二元性别类别并不能那么容易。"另见L. Watson, The woman question, *Transgender Studies Quarterly*, 3/1–2（2016），246–53. 请注意，在上述段落中，我按照语言上约定俗成的惯例假定了一种性别/性的区分：即"男人/男性"和"女人/女性"。这种区分是有争议的，但为了使论证有意义，需要这种区分。

18. 伊丽莎白·巴恩斯（Elizabeth Barnes）指出，婴儿和存在某些认知缺陷的人可能不会通过自我审视来"把自己归为"具有任何生理性别或社会性别类别的成员，但这并不一定使他们成为跨性别者或没有生理性别或社会性别的人。她指出，这给那些认为生理性别或社会性别是完全依靠自我认同来确定的说法带来了挑战。E. Barnes, Gender and gender terms, *Nous*, 54/3（2020），704–30.

19. Cull（2019），p. 12.

20. Cull（2019），p. 12.

21. Cull（2019），p. 12.

22. M. Wills, Whatever happened to the samurai?, *JSTOR Daily*, 29 December 2017.

23. 事实上，在废除性别的问题上，跨性别者有站各方立场的。例如，艾莉森·埃斯卡兰特（Alison Escalante）赞成她所谓的"性别虚无主义"（一种支持废除性别的提议），而朱莉娅·塞拉诺（Julia Serano）则雄辩地为女性气质辩护（尽管她希望看到女性的性别角色得到扩展，被更认真地重视和尊重，并减少对其的严厉管制）。例如，见A. Escalante, Gender nihilism: an anti-manifesto, *LibCom*, 26 June 2016; J. Serano, *Whipping Girl*（Seal Press, 2016）.

24. 这并不是牵强附会或纯粹的假设。例如，见E. L. Green, "Transgender" could be defined out of existence under Trump administration, *New York Times,* 21 October 2018.

25. 我们可能还想问一下未来几代人的情况，倘若他们出生在废除性别之前的时代，他们的自我认同可能是跨性别男性或女性；但到性别被废除后，已经没有这些概念来作为社会认可的选项帮助他们切身理解这些经验了。是否会有这样一些人，对他们来说，没有对等的合适社会类别来构建他们的核心自我概念？（与此相关的是：今天是否有一些人，如果有机会回到19世纪70年代之前，他们的自我认同会是武士，而目前却没有符合其自我认同的相应身份？）

26. S. Haslanger, Why I don't believe in patriarchy: comments on Kate Manne's "Down Girl," *Philosophy and Phenomenological Research*, 101/1（2020），220–9, p. 226.

第15章　未来的人类还会珍视友谊吗

丽贝卡·罗澈（Rebecca Roache）

我写这篇文章时已是因为新冠肺炎疫情居家隔离的第五个月了。截至几个星期前，我和孩子从（2020年）3月以来就没有见过任何人。没有面对面的交流，没有约会玩乐，也没有探望过朋友。如果疫情隔离发生在几十年前，我们只能通过电话或写信与不同住的人联系。但是现在情况不一样。我的女儿和她的朋友们一边在手机上打游戏一边在WhatsApp（一款社交软件）的好友群里讨论策略。我儿子还没到使用智能手机的年龄，他通过谷歌课堂和同班同学聊天儿。在疫情隔离期间，两个孩子都明显变得腼腆了，不过，他们以前如果有段时间跟朋友没见面，再见的时候说话就紧张，现在因为使用带有内置游戏的视频通话平台，这个毛病倒是不见了。通常他们先不说话，就会咯咯笑着玩起游戏，在游戏里他们都变成了独角兽，用自己的虚拟鼻子和触角够甜甜圈，热身之后他们放松下来，再讨论像《口袋妖怪》（*Pokémon*）和《马里奥赛车》（*Mario Kart*）这样严肃的事情。

这样的技术在一代人之前还不存在。我在儿女这个年龄时，跟朋友之间不见面的实时交流只有打电话这种方式，电话安在家里的门廊，所以每个人都能听到我说话，而且我打电话不能超过10分钟，否则父母中的一位就会气愤地唠叨电话费真贵，或者抱怨我一直占着电话。当然那时候"独角兽够甜甜圈"的游戏并不存在，我很乐意尝试把连着电话和听筒的一圈圈儿电线解开来挑战我的智慧。和朋友通电话只能是偶尔的消遣，并不是天天如此。如果疫情隔离发生在我小时候，那会是一种截然不同的社会体验。

不过，是怎样的不同呢？我们今天和朋友的互动方式与上一代人的差异仅仅是把信写在线上还是线下的纸上这样简单吗？或者说当代的友谊与过去的友谊本质上就有些差异？如果是这样，在未来友谊会继续发生什么样的变化呢？

如今人们普遍抱怨现在的友谊和以前的不一样了。在餐厅一起吃饭的人们全都盯着自己的手机而不是相互交谈。自拍文化把我们变成了只关心自己形象而不是彼此当面交流的自恋狂。社交媒体让人们展示自己生活中看似完美的一面，让我们感觉现实生活不过是社交媒体上生活方式的拙劣模仿。如今的友谊比过去的友谊更加挑剔，因为我们在网上把自己关在了与志同道合者共同打造的"回音室"，拒绝那些和我们观点不一致的人们进入，在这个过程中我们的世界观变得狭隘，我们无法和持有不同观念的人相处。甚至是"朋友"这个词的意义在社交媒体上也变了——出现了这样一种新意思，成为某个人的朋友仅仅意味着接受其"好友请求"，甚至都不用说"你好"。我们当中的悲观主义者可能想知道哪里才是这一切的尽头。也许我们将会发现自己生活在一个势利的世界中，在这个世界我们只和服务于我们的人互动，如果我们的朋友在Snapchat（照片分享平台）上不加滤镜我们就认不出他们，我们不会和任何人产生真正的联系。

我觉得这些担心有些过虑。我们生活的这个日新月异的世界并没有把友谊变得更糟糕，我们没有理由认为未来的友谊将会和过去的友谊有本质上的不同。

通过屏幕建立的友谊

现在有一种普遍的焦虑，认为真正的友谊越来越少，而技术是罪魁祸首。《反社会的社交媒体时代》《智能手机让你变得呆傻、孤僻和病态》这类标题屡见不鲜。2011年的一则比扎罗超人动漫（Bizarro Comics）描绘了这样一幅场景：

一对夫妇坐在咖啡馆的桌旁，一个人盯着手机，另一个人说："我想把你的手机绑在我的额头上，这样我还能假装我说话的时候你在看我，可以吗？"因此，我们很容易得出这样的结论：我们已步入了一个友谊消亡的时代。但是这种担忧并不新鲜。

关于新技术对友谊不良影响的担忧由来已久，可以追溯到文字产生之初。甚至更早，实际上，苏格拉底认为书面文字本身就是问题。2000多年以前，在柏拉图的《斐德罗篇》（*Phaedrus*）中，苏格拉底讲述了一个古老的（甚至对他而言）传说，是埃及国王塔姆斯（Thamus）与字母的发明者塞乌斯神（Theuth）之间的对话。塞乌斯神声称字母将会让埃及人变得更聪明，也会赋予他们更好的记忆力。国王对此反应冷淡，苏格拉底与国王想法一致，他这样转述：

你发明的字母会造成学习者的健忘，因为他们就不会使用自己的记忆力了，他们会依赖外在的字符，而不是把东西记在自己的脑子里。你的发明成果是一种辅助回忆而不是记忆的工具，你传达给弟子的不是真理，只是真理的外在假象，你的弟子会听说很多东西却一无所获，他们看似无所不知，其实什么都不懂；他们是令人厌倦的同伴，徒有智慧的表象而非实质。

　　从我们当代的视角来看，固定电话和书面文字都是最无害不过的技术了，苏格拉底他们的担忧令人难以理解。当然，电话和书信并不会破坏友谊。相反，他们会增进友谊：远方朋友间的通话和通信肯定是一种有益的机制，一种人们害怕将会被新兴社交媒体消灭掉的有益交流方式。

　　也许社交媒体会像那些早已为人们所熟悉的技术一样增进友谊，或者至少社交媒体可能不会以众人害怕的方式威胁到友谊的存在。香农·维勒（Shannon Vallor）在2012年的一篇论文中总结道：我们在脸书（现已更名为元宇宙）上建立的友谊可以成为真正的友谊。她的观点并非建立在有关友谊的新观念上，实际上，她采用了亚里士多德的友谊概念，这个概念已有2000年之久。社交媒体可以维持友谊，没有在社交媒体上建立起友谊的人们对此表示怀疑，这种怀疑也让这些人更倾向于关注社交媒体的消极影响而忽视了积极影响，因此我之前觉得这种怀疑可能只是一种偏见。无论如何，社交媒体对我们人际关系的侵蚀并非众人想象的那么可怕。爱迪生研究所（Edison Research）2019年的报告显示：社交媒体的利用率已达到峰值或者说趋于平稳，而全球网络指数

（Global Web Index）也显示了类似的结果。

像我们一样的人

　　即使是通过屏幕互动不会破坏友谊，很多人担心我们现在利用数字技术选择朋友培养友谊产生的社会联系不如以前质量高。这种忧虑某种程度上与"回音室"有关：我们将自己归入志同道合的群体，结果就是各种观念的融合碰撞减少了，人们愈发两极化，固守自己的观点。一些学者认为网上的"回音室"现象对自由民主造成了严重影响。但是就友谊而言，这并不新鲜。早在互联网产生之前，人们的社会互动基本就局限在志同道合的社群里。这些社群一般出现在做礼拜的宗教场所，市场、运动队、工作场所和教育机构等，并根据阶级，性别和民族进行划分。总有一些场所要么通过明确的政策（比如20世纪的南非种族隔离政策），要么通过不成文的规范（比如我妈妈那个年代的妇女不能独自去酒吧喝酒）禁止某个群体的成员进入。我们现在可能是利用互联网"回音室"划分社群，而其他方式不起作用了。

　　显然，在数字媒介出现以前人们会交到各行各业的朋友这一说法并不符合事实。也许结果是我们全都搞错了。事实上，互联网将我们和相似的人联系起来，这有助于交友。人们要么是因为在线下很难找到有共同经历的人，要么是因为有些经历太过私密而不愿意和别人当面讨论，而网上互动更放得开，因此人们可以获得线下得不到的支持和力量。我就很依赖这样的网上社群，几年来，我一直都在脸书的一个私群里，这个私群的成员全是在学术界工作的单亲妈妈。这份来自世界各地的友谊，以及我在其中给予和获得的支持，给我的生活带来了极大的积极影响。

有一种观点认为"回音室"现象不利于发展友谊，因为友谊是或者应该是比共同兴趣和经历更深刻的东西，这听起来似乎是有道理的。长时间以来一直感动我们的友情和爱情故事常常发生在有着不同背景，甚至是有冲突的群体之间。也许最具代表性的浪漫情侣就是莎翁笔下的罗密欧和朱丽叶，而他们各自的家族与对方是世仇。纳尔逊·曼德拉（Nelson Mandela）曾因密谋推翻实行种族隔离制度的南非政府而被捕，在监禁期间，他和一个最初赞成种族隔离政策的年轻白人狱警建立了深厚的友谊。他们的友谊吸引了公众的关注，还被拍成了电影《再见巴法纳》（*Goodbye Bafana*）。阿拉伯裔美国记者索勒米·安德逊（Sulome Anderson）在推特上发了一张照片，在照片中她一边亲吻自己的犹太男朋友杰里米（Jeremy）一边举着一张牌子，上面写着"犹太人和阿拉伯人拒绝成为敌人"。这张照片很快走红。

这些例子表明我们都为这样一种观点所吸引：我们可以不局限于朋友的观点（可能是令人不快的）和兴趣，而去爱这个人本身。真正的友谊不会因有无共同兴趣而增一分或减一毫，这是千真万确的。如果你和老朋友一开始就是因为都喜欢20世纪90年代的美国男孩乐队而成为朋友，又因为你们中的一位对男孩·男人乐队（Boyz II Men）失去兴趣而成为陌路，那么不难下定论：你们的友谊并不那么深厚。但也并不是说基于共同兴趣寻求联系有什么错。一段经年已久、深厚真挚的友谊不会因为最初是通过对于同一乐队的喜爱而建立起来的就会有所改变。

友谊啊友谊，无处不在……

我们现在生活在一个友谊贬值的世界这一想法又如何呢？在这个世界，社交媒体在促使我们注重数量而不是质量，促使我们打造一个个闪闪发光的完美形象而不是建立深层私密的联系吗？

对于人们以牺牲友谊的质量为代价来追求友谊的数量

这一现象的担忧并不新奇（就像我们刚刚讨论过的另一项担忧）。在一篇题为《论朋友众多》（*On Having Friends*）的文章中，1世纪的希腊哲学家普鲁塔克（Plutarch）写道：

友谊的本质是什么呢？它是善意，宽厚与美德的结合体，自然界没有比它更珍稀的东西了。因此，和很多人同时建立深厚的友谊是不可能的。就像河流一样，河水分成多个支流就变成涓涓细流，而友情本身是深厚的感情，如果被分给多个人就会变得浅淡。

几千年后，阿巴（Abba）乐队在他们的1980年发行的单曲《超级奇兵》（*Super Trouper*）上唱道："面对你的20000个朋友，谁还会如此孤独？" 2009年，之前的《X音素》（选秀节目）参赛者伊奥汉·奎格（Eoghan Quigg）发行单曲《28000个朋友》，歌词如下：你和你的28000个油管（YouTube）、脸书、聚友（Myspace）上的朋友即时通讯，孤独的感觉如何？那么多的朋友你还不认识。

数字时标显示，奎格参考的还是老版的聚友，但是不管具体数字如何，我们可能想知道在过去二十多年里出现的技术是不是鼓励我们建立广而不深的友谊。奎格是不是比普鲁塔克更有理由抱怨这种友谊？答案如下：虽然我们没办法同时拥有多段亲密的友谊这一说法已有经验证据支持，但是社交媒体在增加我们社会联系的同时也在降低我们的友谊质量这一说法并不明确。人类学家罗宾·邓巴（Robin Dunbar）对几个世纪的社会群体进行研究，发现人们可以维持的稳定社会关系数量基本保持不变，约为150人。如果你碰巧在酒吧里遇到了某些人，没得到邀请你就加入他们一起喝酒而不觉尴尬，那他们可以归入这个数字（人们将其叫作邓巴数字）。这大约150人可以进行如下细分，我们每个人身边都会有3到5人构成核心圈，这些人是你在困难时可以投靠的真正好友，有12到15人构成一个共情圈，这些人是他们去世你会难过的朋友。但是，邓巴觉得我们就是缺乏扩充这些群体人数的认知能力。邓巴解释道：如果一个人进入你的生活，某些人就会降级到下一水平为进入你生活的新人腾出空间。由于我们的朋友数量会受到我们认知能力的限制，即使社交媒体提供了很多便利也没办法增加这一数量。邓巴对社交媒体的评论是，"什么是真正的朋友还是个问题，那些有着庞大数量，也就是说超过200个朋友的人，毫无例外地对他们朋友列表里的人知之甚少甚至一概不知"。

邓巴数字（如邓巴所见）受限于我们的认知能力，这一事实表明未来的友谊可能有所不同。认知能力（包括注意力、记忆力、感知力和决策力）与大脑的信息处理机制相关。我们会使用各种策略和工具帮助我们提高这些能力。我们通过喝咖啡来集中注意力、通过戴眼镜来提高视力、通过列清单来记事，等等。我们所取得的进步相对来说还不算大而且通常只是短时间内的改善。然而，许多人相信，在不久的未来我们会利用药品，以及包括经颅磁刺激、大脑植入物和基因工程在内的新技术来提高自身的认知能力，会取得更显著的进步。结果会证明人类的认知能力远超我们之前所见。在这种情况下，也许我们能够和更多人保持亲密的友谊。但是，即使是提高后的认知能力还是会受限于我们的社交时长。因此，要增加好朋友人数就需要我们在和朋友一起度过的时间里产生更多的亲密感。另一方面，即使是拥有了可以广交友的认知能力，很多人也许注重少交友。可以拿这个世界上的恋爱关系进行类比：一些人选择有多个恋人的非一夫一妻制生活方式，而一些人却看重一夫一妻制。即使拥有维持多段恋爱关系的能力，大多数人显然不会都想过非一夫一妻制的生活。同样，获得更高水平的认知能力就可以和更多人维持友谊，但这并不意味着人们就会总体上扩大自己的朋友圈。随着人们认知能力的提高，未来的友谊也许看起来与现在不同，当然，也可能没什么不同。

我们欠朋友什么

社交媒体鼓励我们用"朋友"这个词指代几百个甚至是几千个仅仅和我们有着浅显联系的人，这似乎是在贬低友谊之币的价值（此处用了普鲁塔克的暗喻）。脸书上的朋友毕竟只是名义上的朋友，尤其是对那些拥有成百上千个朋友的用户来说。但是用"朋友"这个词来指代不是很了解的人并不新鲜。娜奥米·塔默尔（Naomi Tadmor）研究了18世纪英格兰的社会关系，她解释道："几世纪以前，人们认为朋友不仅仅是那些和自己有着相对亲密情感关系的人，而且还包括家人、家政员工、雇主，等等。"她把"公谊会"（Quakers）——亦称贵格会、朋友会——这个术语当作"朋友"这一词广泛使用的一个例子。

尽管随着时间的推移，关于那些和我们有着松散社会联系的人是否算是朋友这一问题的答案在发生变化，但是核心朋友圈的概念是稳定的。构成邓巴所谓"核心圈"的几个人，和组成"共情圈"的大约12个人，总是被算成朋友。但是关于我们对这些朋友究竟该做些什么，这些亲密的小圈子可能会变成什么样子，我们的看法在发生变化。想一想我们对忠诚的看法。对我们的朋友忠诚是好事，但是在职业背景下，我们会用"任人唯亲"和"裙带关系"这样的词来谴责对朋友的忠诚。塔默尔解释道：情况在过去有所不同。在18世纪，甚至是在政治上，为朋友服务都被视为一种美德。就像在政治上为朋友的工作提供方便在300年前被视为一种美德，而今天却会引发非议，也许今天被视为美德的表现未来的某天也会引发非议。如今没人会对一名律师免费给朋友（不是陌生人）提建议，或者对一名理发师免费给朋友（不是陌生人）做头发感到讶异。但是人们不会期望或是要求律师和理发师免费为陌生人提供这类平时需要付费的帮助。这种情况在未来可能会发生变化。也许在未来的几百年，利用自己的技能给朋友行方便却拒绝帮助陌生人也会被视为任人唯亲。

关于该为朋友做些什么，未来的世界会有怎样不同的看法呢？可能和当下的看法差别不大。在这里我所写的当代友谊仿佛在全世界都是一样的。当然，事实并非如此。我在从西方人、欧洲人的视角以及英语国家文化的视角来写友谊。在不同文化中不同的人之间，友谊也是不一样的，就像我已经在这里写下的差异一样显著。在一些重要方面，个人主义文化（通常是指英语国家和西欧）当中的友谊和集体主义文化（如中东、东亚、非洲和拉丁美洲国家）当中的友谊是有区别的。比如，朋友间的互惠互利在个人主义文化中要比在集体主义文化中更受重视。个人主义者讲究和朋友互施恩惠，两不相欠，而集体主义者并不从恩惠的角度来看待这一类互动；相反，他们觉得那些拒绝接受朋友帮助的人都很冷漠傲慢。像纠正朋友的课堂笔记这种行为在个人主义文化当中被视为不合适的干预，而在集体主义文化当中却被视为体贴和关心的举动。在集体主义文化当中，人们相信他们和朋友之间的友谊不用积极的话语维持也能天长地久，所以他们会对朋友直白坦率，但这种行为在个人主义文化当中会被认为冷漠。我从罗杰·鲍姆加特（Roger Baumgarte）的跨文化友谊调查研究中得出如下观察结论：这些文化差异表明不同文化对好朋友的定义也不同。

结论

尽管文化具有差异性，但邓巴数字保持不变，人们的友谊风格虽不同，但从友谊中享受到的健康和情感惠益几乎是一样的。除非世界发生重大变化，我们可以相信未来的友谊和过去及现在的友谊差异不会太大。我们对那些被普遍认为威胁友谊的事物（像社交媒体和"回音室"）展开进一步考察后，发现结果并没有那么可怕。能够使友谊在未来产生重大变化的一个诱因就是认知能力的提高将增加我们可以维持的好友关系数量。但是，即使未来人们的认知能力已经提高，时间限制、已确立的社会规范，以及个人和文化偏好还是会阻碍友谊随着时代的变迁而转变的速度。友谊，或多或少，会以我们熟悉的方式继续存在。

第16章　虚拟化身会颠覆现有身份认同吗

　　直子的生活在许多方面似乎都平平无奇。白天她忙于手头的项目，参加电话会议，偶尔也要耐着性子上有关她工作内容的培训课程。下班后，她不时会买点东西或观看舞剧演出。自从她父亲去世，她还定期参加团体心理治疗，尽管有时她只是想和朋友见见面，宣泄一下情绪。她甚至已经在尝试再次跟人约会，这对几个月前刚刚痛失亲人的她来说还是个相当困难的挑战。但直子的生活与你我的不同之处在于，所有这些都是她在足不出户的情况下完成的——无论是工作、娱乐还是社交。事实上，她完全是在虚拟世界中度过日常生活的。

　　那么，"虚拟世界"究竟是什么呢？其具有三个主要特征。第一，顾名思义，它是一个由计算机实现的对某一环境（即"世界"）的模拟（即"虚拟"）。第二，个人至少可以控制着它所包含的一部分实体，而多个人则可以同时影响环境。换句话说，这个世界是用户之间共享的，还会对其行为做出反馈。第三，这个世界是长期存续的，意味着即使没有人与它互动，它依旧存在。这一点与单人电子游戏不同，后者的游戏世界基本上只在用户玩游戏时存在。最为著名的虚拟世界可能是《第二人生》（*Second Life*），尽管一些大型多人在线角色扮演游戏，如《魔兽世界》（*World of Warcraft*），也可以算作虚拟世界。

为了与虚拟世界展开互动，用户通常需要控制一个虚拟化身，在这个世界里，虚拟化身就代表其相对应的用户。本章我们将探讨与用户及其虚拟化身有关的伦理问题，其中许多疑问都牵涉到定制的问题：应该允许用户在多大程度上定制他们的虚拟化身？虽然我不建议对虚拟化身实行法律约束，但我认为虚拟世界的设计者有道德义务为全体用户提供范围相同的定制选项。

在历史上，虚拟化身（和虚拟世界本身）可以完全基于文本，但如今大多数虚拟化身基于视觉。因此，可以认为虚拟化身是以一种视觉形态，代表了使用这个虚拟世界的人。理论上，虚拟化身几乎能够以任何形象出现：一个人、一只青蛙，或是一束光。然而实际上大多数虚拟化身还是人形的。他们可能不是真正的人类；例如，在许多游戏中玩家创建的角色是矮人、精灵或者猫人，并将这些形象作为他们的虚拟化身。非游戏的虚拟世界（通常被称为"社会世界"）

中也包含各式各样的人形代表。即使本身就是人类形象的虚拟化身也不一定长得很像他们的用户；当被给予机会定制他们的虚拟化身时，人们倾向于创建与自己相似的虚拟化身，但力求比本人更有魅力，这也没什么好奇怪的。正因如此，虚拟化身往往是我们的理想化形象，而不是精确的复制品。

虚拟化身与伦理

尽管虚拟化身具有虚拟性，但人们确实可以对虚拟世界和其中的虚拟化身产生感情。社会学家经常讨论"第三场所"这个概念，即人们在家庭和工作场所之外度日的地方；我们在这些场所建立关系、享受生活。在传统上这些地方都是实体的场所，如教堂、咖啡馆，但虚拟世界也已经开始填补这一需求。人们同样可以沉迷于虚拟空间，就像迷恋他们最喜欢的咖啡馆一样。

虚拟化身也会受到这种联系的影响。从某种意义上说，它们是一种工具：为了在虚拟世界中来回移动并与之互动，用户需要一具躯体——这正是虚拟化身所提供的。但许多人也对他们的虚拟化身产生了认同。由于虚拟化身处于用户的控制之下，用户会产生一种主人翁意识；它不仅是一个在屏幕上移动的角色，而且是一个属于"我的"角色。它就是"我"在虚拟世界中代表自己的方式。

　　虚拟化身和用户自身之间的这种联系产生了一系列的伦理问题。各种虚拟化身在可定制的程度上有很大不同。一个极端是根本不能定制——用户没有选择权，而是由预先设计的虚拟化身代表。这通常与理想情况相去甚远；人们倾向于自定义选项，并且如果有许多人在同一个虚拟世界里走来走去，而他们都长得一模一样，那太容易搞混了。按照可定制程度从低到高，下一层级是用户需要从一些预先设计好的虚拟化身中选择；在这种情况下，用户不能定制化身本身，但至少在如何代表自己这方面拥有了一定的选择权。

　　在大多数流行的虚拟世界中，可定制化程度更进一步，它们会允许用户定制虚拟化身的特定部位，以创建一个更具个人特色的虚拟化身。用户可以选择他们的发型和发色、特定的面部特征、肤色，等等，通常会有一系列选项可以选择。在某些情况下，平台甚至允许用户创建他们自己的定制特征。例如，在《第二人生》中，虚拟化身定制市场蓬勃发展，因此，人们实际上可以通过向其他用户出售定制的虚拟眼睛等个人特征来赚钱。在可定制程度的另一个极端，以照片为蓝本或通过全身扫描来创建三维虚拟化身也成为可能，这使用户能够创建与自己完全一致的虚拟副本。

暂时抛开最后一种情况，定制化的发展确实导致人们开始关注其可用选项产生的伦理问题。例如，在许多电子游戏中，创建一个具有非白人特征的角色是非常困难的；虽然改变肤色可能没问题，但想给虚拟化身修改眼睛形状、骨骼结构、毛发质地，以及增加其他许多不同种族的特征就有很大概率碰壁。作为一个社交虚拟化的世界，《第二人生》为新用户提供了一些默认虚拟化身以供选择，且用户任何时候都可以自由地从其游戏交易市场中获取定制特征，或以各种方式改变他们虚拟化身的形象。用户创建的内容扩充了可用的定制选项，但默认形象仍然选择有限；例如，默认虚拟化身都没有明显残疾——希望用这种方式表现自己的用户，必须在市场上购买相应物品才能如愿以偿。

虚拟世界中定制选项的设计，归根结底就是两个字：选择。创建一个虚拟世界和设计虚拟化身定制流程的过程涉及向用户提供哪些选项。给用户设定限制不可避免——因为设计者必须对如何花费他们的时间做出权衡。然而，做出这些选择需要深思熟虑。研究表明，用户对一个他们可以动手定制的虚拟化身有更大的认同感和更高的满意度。当然，定制选项的类型也很重要。将就选一个不太合适的发型与没法体现自己是日裔或是残疾人不可同日而语，特别是在社交虚拟化的世界中，大多数人创建的都是与自己（至少有几分）相似的代表（化身）。

　　由此产生的一个伦理问题便是，当用户创建他们的虚拟化身时，平台应该向他们提供什么样的选择。如果反过来说，问题就变成了用户是否会（或应该）感觉到他们在如何展现自己这一方面受到了限制。在某些情况下，创建一个尽可能与他们真身相仿的虚拟化身对用户来说是有利的。例如，当直子去买衣服时，她想使用的虚拟化身可能是自己的精确投射；因为除非试穿衣服的化身反映了试衣人的样貌，否则虚拟试穿是没有意义的。不过在许多情况下，这种直接的关联其实是不必要的——毕竟有人会选择让一只拟人化的大熊猫充当他们的虚拟化身，在这样的虚拟世界里，如果你的虚拟化身比你在现实生活中更有吸引力，也不会引人非议。

　　即使在虚拟世界中，在特定的时间和地点也可能存在社会压力，要求用户选择一个能更准确代表自己的虚拟化身。在游戏中，人们通常对虚拟化身与用户自身的相似程度没什么期望，但在其他社交虚拟化的世界中确有这种可能。我们可以设想，在一个用于约会的虚拟空间，用户会在准确呈现自己这方面有压力（尽管可能会稍微修饰得理想一点，就像人们在约会网站上会用自己最美的照片一样）。如果用户从未希求在线下见面，那么任何要求用户准确表现自己的努力都可能徒劳无功。然而，如果虚拟约会成了亲身约会的前奏，或者只是偶尔替代亲身约会，那么被其他用户当面羞辱——或者在更糟的情况下，被其他用户集体排斥——的风险，可能会影响用户的行为以及他们创建的虚拟化身。

除了准确性，关于虚拟化身还有一个有趣的问题，就是我们是否应该担心其在独特性上有所欠缺。在约会时，我们主要关心的可能是其准确性和真实性：对方的虚拟化身是否恰如其分地代表了现实中的那个人？但在其他情况下，虚拟化身是否与某个特定的人形成唯一关联可能很重要。在一个虚拟贸易展上，将虚拟化身与受权进行演示或讨论销售问题的特定人员联系起来可能很有必要；毕竟一家公司不希望出现冒名顶替者玷污它们的声誉。解决这一问题可能需要某种验证过程或为虚拟化身打造证明其唯一性的符号；目前的研究集中在数字水印上，其类似于一种虚拟指纹。

拥有与真身直接相关的虚拟化身是一大发展趋势，其亦引发了人们对隐私的关注；我们对一定程度的线上匿名已经习以为常，而虚拟化身的发展似乎会威胁到我们的隐私。它也可能迫使人们更审慎地考虑他们线上的行为举止，因为避免承担后果可能变得更困难了。当然，即使在现实世界中（即我们所有的互动都与真身联系在一起），我们在各种场合的表现也不尽相同。例如，我们在工作场合的衣着举止通常与跟朋友往来时有所不同。因此，也许我们更愿意在不同的场合拥有不同的虚拟化身。至少，一个企业可能会要求他们的员工在虚拟世界中代表公司行事时以特定的方式展现自己。在现实世界中，这一要求可以通过设定着装规范来实现，但在虚拟世界中，我们可以使用一个完全不同的虚拟化身。

目前，由于虚拟化身尚缺乏可移植性，在一定程度上消解了这种担忧；一般来说，从一个虚拟世界中提取虚拟化身并在另一个世界中使用还不太可能。但如果我们继续在虚拟世界中度过更多的时间，这种情况可能会有所改变。就像人们在现实世界里不会每到一家新的商店或酒吧就改头换面一样，我们以后也可能会厌倦为每个虚拟空间创建独立的化身。因此，在未来，虚拟世界有两种可能的发展前景：第一种是人们聚集在少数几个世界，因为每个世界创建一个单独的虚拟化身是可行的；第二种是虚拟化身可以在各个社交虚拟化的世界间自由通行，缓解了创建多个虚拟化身的需要。在后一种情况下，用户可能在大部分时间使用其默认的虚拟化身，只在需要满足特定目的时才创建新的虚拟化身，如玩游戏。

如果我们真的只聚居在少数几个虚拟世界，甚至每个人只有一个在所有虚拟世界中通用的唯一虚拟化身，那么定制选项就变得愈发重要。如果未来真的如此，寻找一个不同的世界（拥有不同的设计师，设计了一套不一样的定制选项）将更加困难。由于虚拟化身会影响我们在虚拟世界中的投入程度，如果潜在用户想创造一个反映他们真实身体特征的虚拟自我，却发现没法发挥这一能力，很可能就与虚拟世界失之交臂了。一个简单的解决方案是使用某种扫描技术，以用户的照片或影像为蓝本创建虚拟化身。然而，我认为在大多数情况下这并非最好的答案。

诚然，在少数几种情况下，拥有一个与我们真身完全相同的虚拟副本可能确有用途，例如买衣服的时候。但是，虚拟空间的强大特性之一便是它并非现实世界的精确复制品，而且用户对如何在其中展现自我有更大的控制权。这一点为探索身份认同打开了大门——一个人可以尝试以不同的方式展示自己，看看会发生什么。它还可以让用户决定对外展示哪些身份特征，而他们在现实中通常无法做到这一点。有明显残疾的人受到的待遇往往与身体健全的人不一样；也许直子不希望被人叫作"坐轮椅的女士"，她更愿意展示自己不需要轮椅的形象。

当然，虽然笔者强调了虚拟化身在身份认同方面的功用，但对许多人来说，虚拟化身的主要意义仅仅在于它允许用户在虚拟世界中做些事情。直子可能不在乎她在虚拟会议中的化身是不是完美代表了自己的形象，因为她关注的主要焦点是会议中的讨论。与此类似，如果她在虚拟重现的埃及古墓中探索，那么古墓复原的准确性可能比虚拟化身本身更重要。而虚拟世界之所以引人入胜，部分原因其实在于它与现实世界的区别——它允许我们做一些在通常环境下无法做到的事情。我们可以探索古代城市，或者编排舞者飘浮在半空中的舞蹈（因为物理定律在虚拟世界中可以更加灵活变通）。我们可以为行动不便的人提供社交机会，甚至伸出援手治疗病患，如参加线上支持小组。当我们生病或受伤，或者是在疫情全球大流行期间被困隔离区时，我们也可以这样做。

虚拟化身的风险

然而，尽管虚拟世界有着美好的前景，在直子的虚拟生活中依然有着潜在的不利因素。她仍有可能在这些虚拟空间里受到伤害；有时人们很容易在网上对别人恶语相向，而忘记了虚拟化身背后还有一个真实的人。我们在线上线下互动方式的不同也会滋生许多问题。虚拟化身并没有自然的肢体语言；我们必须有意识地选择执行什么动作。在典型的医学诊疗过程中，患者的坐姿能透露出许多信息；她是否蜷缩着，双臂紧紧地抱着身体？但在线上空间互动时，用户必须主动决定以这种方式展示她的化身。因此，治疗师在虚拟环境中获得的信息更少。

在虚拟空间里同样存在社会压力或偏见。即使存在精确完美的定制选项，人们仍可能会感受到压力，不得不以符合他人期望的方式展示自己；他们可能选择让自己显得更瘦或更性感，不是出于喜欢，而是担心如果不这样做会不受欢迎，甚至被他人排斥。这种情况也会发生在现实世界，但由于我们在网上可以控制的东西实在太多，所以可能会诱使我们做出在现实世界很难做出的改变。在世界上的许多地区，人们对浅色皮肤偏爱有加；这导致人们不惜伤害自身，比如漂白自己的皮肤以减淡肤色。在虚拟世界中，这一切只需轻点几下鼠标就能实现——然而，尽管这可能避免了对用户的身体造成伤害，但心理上的影响依然存在。在网上冒充一个不属于自己的身份比较容易，但有证据表明，那种认为在铺天盖地的白种人形象虚拟化身当中自己是唯一的有色人种的感觉，在某些方面可能确实会给人带来负面影响。[1]

在2003年《第二人生》发布后的一段时间里，虚拟世界被誉为未来的一大浪潮——有人认为我们以后一切事情都会在其中完成。这种狂热已然消失不见，但也许《第二人生》只是领先于它所诞生的时代。2020年的全球疫情大流行引发了人们对于将生活搬到网上的兴趣，因为现实世界中许多人被迫分离。虽然我认为很少有人会选择像直子那样完全生活在网上，但她的部分生活经历会让很多人产生共鸣。有些人可能将虚拟世界用于工作或教育目的，用虚拟化身举行会议或开办课程，这些虚拟化身可以像我们在现实世界中那样移动和互动。他们可能会参与各种培训，也许还会设置情景模拟，并研究如何应对挑战——一种虚拟的角色扮演。虚拟环境甚至可以丰富和增强某些互动；举例来说，也许相对的匿名性会使人们更愿意加入一个互助小组来戒除药物成瘾。而且许多人可能会出于休闲娱乐的目的开始涉足虚拟世界，无论是观看虚拟演出，还是逛虚拟商店，或者只是在虚拟咖啡馆里度过闲暇时光。

归根结底，涉及虚拟化身的关键伦理问题之一是广义上的定制。设计师需要把握一条微妙的边界。用户有权创建反映自身特点的虚拟化身，但在大多数情况下不应要求他们这样做。应该向用户提供创建与自身精确相符的虚拟化身的工

具，但不应该强迫用户使用它们。在虚拟世界中控制一个虚
拟化身可以让我们做好自己，但它也为我们提供了机会，让
我们以原本不可能的方式展现自己。这可能是出于严肃正当
的理由，比如消除令人不适的外貌特征，甚至也可能只是出
于好玩，比如好奇自己换个发色的模样。对身份认同进行探
索的力量是强大的。实话实说：想让一场无聊的会议变得有
趣，让一只大熊猫来主持肯定奏效。

注释

1. 有关种族暗示如何塑造用户对虚拟世界看法的讨论，参
   见 J. E. Lee and S. G. Park, "Whose second life is this?" How
   avatar-based racial cues shape ethno-racial minorities' perception
   of virtual worlds, *Cyberpsychology, Behavior, and Social
   Networking,* 14/11（2011），637–42. 有关这种不适感如何
   导致非白人用户选择白人形象的虚拟化身以掩盖自身种
   族的讨论，参见 J.-E. R. Lee, Does virtual diversity matter?:
   Effects of avatar-based diversity representation on willingness
   to express offline racial identity and avatar customization,
   Computers in Human Behavior, 36（2014），190–7.

第五部分

未来的机器

Part Five

Future Machines

第17章 治安预防与权益保护孰轻孰重

瑟马斯·米勒（Seumas Miller）

治安预防系统（Predictive Policing）指的是通过分析犯罪地图数据以及运用大数据、预测算法和社会网络分析来打击犯罪的一系列手段。

纵观历史，警务部门一直都在运用统计信息（即利用各种犯罪地图数据和分析方法）来锁定特定类型的确切犯罪地点。例如，警方在犯罪高发地部署警力时，判断这些地点是否为犯罪高发地点不仅基于该地点的过往犯罪记录，还基于该地点是否具有某种犯罪的相关特征。例如，当某处具有数个旅游景点并且具备便利逃跑路线时，则该地点很容易发生盗窃案件。这样一来，警方实际上是在对盗窃犯罪地点进行预测，并采取行动。此外，当犯罪发生时，警方一直遵循的惯例是，先对有相关案底的可疑人员进行针对性调查，而不是每次都从零开始调查犯罪；例如，如果有一连串涉及相同作案手法的入室盗窃案发生，警方可能会针对最近被释放并使用过该手法入室盗窃的犯罪嫌疑人进行调查。这样做实际上是预测过去的犯罪分子会继续犯罪，并采取行动制止。

治安预防系统在许多方面只是对警务部门传统做法的拓展，但是也有推陈出新的地方。对于频发案件，如入室盗窃和汽车盗窃，治安预防系统运用了包括预测算法在内的大数据分析技术，为的是建立一套更广泛的基于统计学的犯罪相关性数据库，而这依赖于更庞大的数据集。例如，大数据分析显示，当某处一起发生入室盗窃时，该处随后很可能会发生更多的入室盗窃案件，犯罪"热点"区域由此诞生，这有点类似于传染病，如新型冠状肺炎疫情在新冠"热点"地区的传播。针对犯罪分子，特别是暴力型犯罪分子，治安预防系统已经将社会网络分析投入使用（并基于统计学的犯罪相关性数据库）。这项技术首先会识别犯罪分子，然后追踪同伙，然后是同伙的同伙，以此类推。社交媒体分析可以被用来识别和跟踪犯罪网络的聚点。

在美国的许多警察管辖区，特别是大城市的管辖区，如洛杉矶、芝加哥、纽约和新奥尔良，治安预防系统的兴起使得这些地区如同电影《少数派报告》（*Minority Report*）里描绘的社会一样，监控无处不在，无孔不入。在这种境况下，城市居民可能会因为尚未犯下的罪行（在被逮捕时也并无犯罪企图）而被警察逮捕，警察仅仅依据他们即将犯下这些罪行（据说确凿可靠）的所谓证据就可将其逮捕。打个比方，在今天世界某个城市，治安预防系统检测到一位名叫约翰·史密斯（John Smith）的人居住在暴力犯罪"热点"地区"闲逛"，而且他也是当地一个暴力青年团伙的成员的已知伙伴之一。因此警察可能会以暴力犯罪的罪名逮捕约翰·史密斯，尽管他并未犯罪也无意犯罪。

发生这种场景的现实可能性有多大？

让我们来看看治安预防系统的一个前所未有的例子，即洛杉矶"激光"（LASER）计划——洛杉矶战略搜寻和治安恢复计划（Los Angeles Strategic Extraction and Restoration Programme），其英语缩写与"激光"一词相同。该计划开始于2011年，目的是减少洛杉矶的暴力和帮派犯罪。该计划包含两部分：犯罪"热点"地区部分和犯罪分子部分。犯罪分子部分的内容包括根据帮派成员身份、过往犯罪记录和被逮捕时的持枪记录等标准来确定其是否为惯犯。一旦确定其为惯犯，警方就会与其联系，但不是实施逮捕，因为至少在这个阶段，没有足够的理由可对他们实施逮捕。这么做的主要目的是对这些人进行威慑，并借此降低犯罪率。警方会向这些潜在的犯罪嫌疑人推介旨在降低他们再次犯罪可能性的方案和服务，供他们采纳以避免再次犯罪。

　　然而这些方案和服务实际上也有威慑作用：警方会告知这些惯犯，他们正处于监视之下，如果他们没有采纳这些方案和服务而再次犯罪，他们在未来的审判中将会处于更加不利的情况，在其他条件相同的情况下，等着他们的会是更长的刑期。划定犯罪"热点"地区在一定程度上能够帮助警方精确锁定犯罪事件发生的时空位置（例如，周六，500平方米区域，6小时以内），以便警方采取措施，进行干预。这些犯罪"热点"地区是根据对涉枪犯罪数据的分析而确定的。随后警方会进一步分析这一地点涉枪犯罪高发的原因并为该地点制定适当的犯罪预防策略。例如，某地点是敌对帮派之间的边界地带，而这些帮派在周末晚上最为活跃。相应地，警方的策略就是在周末晚间提高该地点的警力部署。警方会持续监控该策略控制涉枪犯罪的效果，并在必要时随时做出调整。

　　洛杉矶警察专员监察长的官方报告宣称，至少在实施初期，在一些高犯罪率社区，"激光"计划在减少暴力团伙犯罪方面效果显著。但让人始料未及的是，该计划在2019年宣布终止，部分原因是警方没有遵守相关协议，而且不公平地针对一些社区成员，其中包括那些没有犯罪记录的人员。尽管该计划被叫停，洛杉矶和美国其他城市的警务部门继续以各种各样的形式沿用着治安预防系统。

问题所在

虽然收集和分析犯罪"热点"地区相关数据本身并不存在道德问题，但针对这些数据所采取的一些犯罪预防策略可能会产生道德问题。例如，警方不能仅凭犯罪"热点"地区的数据，而去拦截，搜查乃至逮捕一个恰巧路过该地的行人。因为仅凭这些数据根本没有达到合理怀疑某个人的门槛。如果要进行拦截，搜查或逮捕，就需要对其进行实时监控，提供证据，如非法携带枪支的照片或视频证据。

这并不意味着美国和其他地方的警察部门总是遵守这种合理怀疑原则——这是庄严载入包括美国在内的大多数国家法律中的原则。但从实际看来，在很多情况下，美国警方并未遵守，尤其是在美国的黑人社区。在这一点上，发生在约翰·史密斯身上的设想情形并非杞人忧天。

收集和分析犯罪分子数据本身也不会有道德上的问题。毕竟，这些人过去由于暴力犯罪而银铛入狱，因而被称为暴力犯罪者。但如果将治安预防系统运用在那些没有犯罪记录的平民身上，那么这种做法很可能存在道德问题。因此，在上述设想事例中，无论是在道德上或法律上，警察对约翰·史密斯的侵扰程度都是不合理的。但不合理不代表不存在——当然，这种情况在现实中确实发生了，特别是在美国的黑人社区。从这个角度来看，上述发生在约翰·史密斯身上的情形也是具有现实可能性的。

可能有人会说，对某些尚未有犯罪记录但有潜在犯罪动机的人实施监控和调查并不存在道德问题，有必要对这类犯罪进行合法的预防。其中一类是恐怖组织成员，但这些成员本身没有被定罪或甚至没有实施过恐怖犯罪行为。但是通常情况下，加入恐怖组织事实上已经违反了某项合理的法律法规。当然，这并不是说加入暴力青年团伙就是刑事犯罪。而且像约翰·史密斯这样与帮派成员交往的行为，也不应该被定性为刑事犯罪——毕竟，帮派成员也有父母、兄弟姐妹，而他们都不是帮派成员。

此外，警察本身也理应成为被监督的目标。想一想那些在过去的执法过程中从未犯罪的警察，除了出于普通的评估工作表现的目的外，是否应该监视他们的其他行为？在这方面，与普通公民相比，警察是否应区别对待？可以说，鉴于警察必须取信于社会，以及拥有普通公民所不具备的逮捕和使用致命武力的权力，这种监督在道德上是合理的。另外，将警察作为其职业身份是他们的自主自愿选择。

　　一般来说，治安预防系统面临几个问题。其中一类问题是这一系统自身是否真能起到减少犯罪的作用，就像它宣传的那样。还有一类是道德问题，即治安预防系统是否从道德上侵害了民众的权利或存在不公正之处。这两类问题是相互联系的。例如，当人们认为某种形式的治安预防措施存在不公时，那么这个系统的有效性就会大打折扣。激进的警务策略，如所谓的饱和警务，往往造成的问题比解决的问题更多。20世纪80年代，这些激进策略激起了伦敦布里斯顿区（生活着大量黑人）的骚乱。

　　那么，治安预防系统具体可能存在哪些问题呢？

　　第一，数据可能存在问题，例如输入的数据有误。回到我们设想的场景，约翰·史密斯被捕的原因可能是身份识别出现错误；毕竟叫约翰·史密斯的居民数不胜数，但警方的数据库可能会错误地将暴力青年团伙成员约翰·史密斯与另一同名的、性格温和的城市游客混淆，这名"史密斯"没有接触过任何团伙成员，但他恰巧拐错了一个弯，不小心误入了那个犯罪"热点"地区。无论如何，错误的数据输入会导致假阳性结果（针对无辜者）和假阴性结果（未能针对犯罪嫌疑人）。而且由于更改大型警察数据库中的数据需要遵守各种繁文缛节，错误也不总是那么容易纠正。

　　第二，对于一些严重的犯罪，如谋杀和恐怖主义，相关数据相对不足。这阻碍了预测技术（如机器学习）的发展，因为机器学习依赖于大数据。相关数据的不足使预测技术难以生成"典型恐怖分子"的准确画像。

　　第三，对未来犯罪的预测，特别是运用机器学习来预测犯罪，是基于过去获得的犯罪记录、逮捕记录、起诉记录、出警方报告、罪犯名单等来进行的。因此，如果执法机构过度依赖于机器学习，相比于那些没有逃脱侦查的（如严重的身体伤害）的嫌犯，那些（在其他条件相同的情况下）过去逃脱过侦查的嫌犯和犯罪类型（如儿童性虐待）可能更容易逍遥法外。当然，在其他条件不同的情况下，警方可能会选择性地重点关注那些现在才发现而以前没有侦查出来的犯罪类型，比如最近发生的儿童性虐待案件。出于同样的原因，相较于其他社区，过去经历过度监测的社区可能会继续维持过度监测。如果治安预防系统将犯罪指标和社会经济指标挂钩——例如，根据算法有理由认为美国经济条件更差的黑人社区有更大的犯罪风险——那么情况就更是如此了。

　　第四，与第三点有关，问题出在治安预防系统中所包含的人物画像技术，这是一项更具争议的技术。这种技术很可能会基于种族生成人物画像，而这存在着道德争议。美国曾发生过一个著名案例，机场海关官员搜查一名名为安德鲁·索科洛（Andrew Sokolow）乘客时，发现其携带毒品。而他被搜查的原因是海关人员认为其符合携带毒品人员的特征，并且海关人员认为据此怀疑其藏毒是很合理的。索科洛在法庭上辩解道，仅仅符合人物画像特征并不能作为合理怀疑的理由。但法庭认为，虽然仅仅符合画像特征并不能构成怀疑其藏毒的充分理由，但在他的案件中，构成人物画像的各种证据却恰恰使怀疑成立，因此他败诉了。然而，人物画像技术其实暗藏危机，包括使用机器学习的人物画像技术在内。具体而言，有些算法可能包含过往的歧视性数据：例如，存在过多对黑人居民不正当的搜查记录。这可能导致人物画像算法生成一系列基于人种的罪犯特征，这在道德上不合理，并且还会加强警察和其他民众现有的种族主义观念。

　　第五，存在隐私或保密问题。具体来说，治安预防系统所依赖的数据库是否存有警方在道德或法律上没有权利查看的个人信息或机密信息？当然，个人信息的界定是一个复杂问题。通话内容、电子邮件等内容通常是隐私或保密的，但元数据，如通话时长，或拨打者和接听者的名字呢？有人认为这并不是什么隐私也不值得保密，就跟包裹上公之于众的发件人和收件人姓名一样。然而，从一个人的电话和电子邮件中提取的大量元数据会使其社会关系和行动一览无遗；这种情况足以算作对其隐私的侵犯。

第六，警用数据库中存放着与大量罪犯和其他公民有关的个人和机密信息，存在着数据安全问题。确保这些信息不被非法获取是数据安全的基础。数据安全是至关重要的，这一点毋庸置疑。如果数据库中的某些数据，如线人和卧底的数据，遭到黑客入侵，那么线人和卧底就会遭受生命威胁。如果生物面部识别图像数据库遭受黑客攻击，公民的身份安全可能会受到损害，进而引发信用卡欺诈、护照欺诈等犯罪行为。

第七，治安预防系统中使用的一些新技术还存在着额外的伦理问题，如机器学习中所谓的"黑匣子"问题。如果罪犯画像是由机器学习所生成的，那么对于基于算法的罪犯特征的生成过程，连执法部门可能都一无所知，也无法理解，更不用说其推定的嫌犯或普通民众了。因此，当公民约翰·史密斯受到监视时，其本人和警方都不知道诱发这种监视的关键原因是什么，也就是不清楚约翰史密斯具有哪些罪犯典型特征，除了那些能被理解的特征以外——例如，他在很早以前有过犯罪记录，这使其成了目前的怀疑对象或至少引起了警方的注意。

第八，还有一个普遍的问题是，在刑事侦测中，罪犯可以推测该系统的运算结果，从而使预防系统失效。例如，如果犯罪分子对警方所持有的罪犯画像生成方式了然于胸，那他们可以做出调整以逃避罪犯画像检测。例如，如果犯罪分子推测出了警察会在何处增派警力部署打击犯罪，那么此时犯罪分子只用换个地方便可继续实施犯罪了。

新科技

到目前为止，我们讨论的重点都是目前正在应用的治安预防系统。而实际上治安预防系统正在不断变化，新技术输入源源不断。指纹鉴定和DNA识别在调查严重犯罪方面的运用历史悠久，立功无数。如今新的生物识别技术，如面部识别、步态分析、语音识别和静脉识别技术也正在迅速发展。政府和私营部门最近建立了生物识别数据库。在许多国家的护照查验和边境安检中，自动人脸识别技术起着至关重要的作用。自动人脸识别是一项强大的技术，通过与监控系统的整合，能够在大量的人群中识别出某个人脸，使警察能够实时监视、识别和跟踪通过公共场所的人员。人脸识别还能在互联网图像分析中大显身手，尤其是来自社交媒体（如美国的脸书）中的图像。仅脸书的数据库中就存有几千亿张照片，自动人脸识别软件能识别或"标记"照片中的用户。

这些新技术的使用引发了人们对伦理问题的迫切忧思。生物识别和非生物识别信息数据库（如智能手机和电子邮件元数据、财务、医疗和税务记录）的整合更是加剧了这种担忧。生物识别面部图像模板可以与监控摄像头的数字图像、手机GPS数据和互联网历史记录结合使用，能提供一个日益完整的个人生活方式和活动轨迹全景图。与个人数据相关的隐私能否都得到保护在很大程度上与对该数据的访问和使用的控制权密切相关。因此，这种控制权是个人自主权的一个组成部分，是自由民主的基石之一。

当政府全面建立公民个人信息的生物识别和非生物识别的综合数据库，并在治安预防系统利用这些新技术为执法部门服务时，个人自主权利也可能会受到影响。这不只是个人遭受不公正待遇或权利受到侵犯这么简单（如设想中约翰·史密斯的遭遇），而是公民的权利普遍受到威胁，政府和公民之间的权力失衡便由此诞生。

结论

　　在执法过程中，随着生物识别数据库和其他新兴技术作为治安预防系统的一部分发挥的作用越来越大，执法部门要想在为实现某一特定执法目的而使用这些新型技术和数据库时证明自身行为的正当性，必须证明新技术的效用和效率，而不能仅仅呼吁民众接受它们以保障社区安全。此外，在没有违反国家法律的情况下，民众拥有个人生活不受国家干预的权利。

　　即使为达成特定安保目的而使用这些技术和数据库是有正当理由的，使用方仍须受到问责机制的约束，以防滥用。此外，在政府使用这些技术和数据库之前，应让民众充分了解这些系统，并且得到民众的同意才能将其用于特定的、合理的目的；针对这些新技术和数据库的使用应展开公开辩论，并以法律为依据，其运作还应接受司法审查。

第18章　人工智能可以代替医生吗

安杰利基·凯拉西杜（Angeliki Kerasidou）

沙鲁拉·凯拉西杜（Xaroula Kerasidou）

案例研究：格蕾丝的未来

格蕾丝（Grace）在经历了几周的腹痛后去看了医生。医生采集了一些包括血液在内的样本，并进行了核磁共振检查。医生将检测数据与格蕾丝问诊记录以及智能手机中记录的实时健康数据进行对比分析。医生通知格蕾丝，结果会在72小时后出来，到时候会同治疗方案一并告知。

在等待结果的三天里，格蕾丝思考和年轻时相比，看病这件事情发生了怎样的变化。虽然她仍习惯将这种医疗咨询叫作"看医生"，但实际上并没有见到真人医生。从热情打招呼的虚拟医疗客服，到记录她病史的机器人，再到核磁共振扫描仪所发出的震耳欲聋的指令，现在大部分医疗任务都是由智能机器完成。在医疗服务过程中，人类仅剩的作用就是承担需要精细操作的静脉血样采集工作。格蕾丝很庆幸人类抽血员在人工智能被引入医学诊疗的过程中保留了下来，她一直很害怕细长的针头，但是真人医生的存在让她感到安心。在采血时，格蕾丝会尝试和医护人员交谈，比如："今天工作忙不忙？"—护士头也不抬地答道："可忙了！我还要采20个血样才能下班。"

按照约定时间，诊断信息发送到了格蕾丝的手机上，但结果并不乐观。诊断结果为癌症，随之附上的还有一份治疗方案。信息显示："根据个人检查结果和最新系统升级，建议您立即接受化疗。点击这里可了解更多相关信息。如果您同意接受化疗，请点击'是'。"信息解释道："如同意化疗，我们将通知合适的医疗机构（医院和药房），并告知您治疗的详细信息、日期和时间。"

格蕾丝想知道最新升级的医疗系统究竟有多好。即使经过这么多年，关于一些族裔群体的医疗数据仍不完整，误诊也时有发生。卫生部长曾公开表示："人工智能将惠及所有人！它将提供一个真正个性化和高效的医疗保健系统，这可以节省纳税人的医疗支出。"格蕾丝对此半信半疑。她本可以和专家进行面对面的病情咨询，但排队的人太多，时间就是金钱，她根本等不起。所以她点击"是"，然后埋头继续工作。

强化以病人为中心的医疗护理

近几十年来，医患关系经历了一种转变：从家长式医疗作风——医生制定治疗方案，患者很少参与其中——转变为以患者为中心的医疗模式。曾经，我们认为医护人员具有专业权威，不可冒犯，而病人就不过是一具抱恙或等待修复的残破躯壳。如今，我们将患者视为医疗合作伙伴，这不仅可以让患者更好地了解掌握自己的病情，而且他们的价值观也会影响到治疗方案。在这种患者至上的医疗模式中，新的职业道德规范包括：有效沟通、具备同理心，以及承认不同的人对自身健康状况的了解程度和关注重心可能截然不同。

人工智能可能会扰乱医疗保健行业。它虽然加强了医疗保健领域的某些方面，但颠覆了其他方面。我们通常认为人工智能比人类更理性、更可靠。这是因为人类的判断和推理可能会受到一系列不受控制的因素的影响，比如血液中的葡萄糖含量或一天中的不同时间段。在医疗领域，每一个诊断都可以说事关患者生死，因此加强理性和提高公正性是相当重要的。另外人工智能系统有可能以患者为中心提供更加个性化的医疗服务。人工智能通过智能手机和便携式设备等来跟踪我们的行动轨迹、社交、饮食习惯和睡眠模式。据此可定制出高度个性化的诊疗建议和方案，而无须咨询人类医生。患者可以将个人喜好直接录入系统，并且可以对自身健康进行自主管理和控制。

至少，这是未来医疗发展的一种光明前景。但研究显示，迄今为止，我们过于夸大了人工智能的作用。我们希望通过给机器设定算法程序来做出更理性、中立、客观的判断决定，以此来克服人类自身局限性。但现在有证据表明，这种系统可能会延续并放大人类的偏见，并做出不准确的预测。例如，一款针对心脏问题的应用面对同样的症状反应却做出了不同的诊断，它将男性用户诊断为患有心脏病，将女性用户诊断为"受到惊吓"。这种差异可以用"心脏病发作的性别差距"来解释：令人不安的是，男性从事临床工作以及相关研究的比例过高，这意味着女性心脏病被误诊的风险比男性高出50%。然而，人们认为这项技术具有权威性，且吹捧其可以帮助我们做出最明智的决策，因此医护人员和患者别无选择只能听从人工智能医疗建议，但这其实是有危险的。

人工智能开发人员正在研发一种可以智能诊断病情并且受人类偏见影响较小的技术，用于解决以上问题；比如，我们可以通过搜集更多、更精确的数据来改进算法。然而，将社会、政治和伦理问题视作可以用计算机解决的数学难题未免有些过于天真。尽管可靠的数据对医疗安全至关重要，但了解所收集的健康数据的社会背景也同样重要。例如，在美国，一种医疗算法可以根据医疗支出的相关数据来识别有哪些是需要重点关注的"高风险"患者——但是我们发现这严重低估了那些健康状况极其糟糕的黑人患者的医疗需求。该算法帮助数百万美国人根据自身状况接受合理治疗，但黑人患者由于在获取医疗资源方面存在种种障碍——医疗保险覆盖率较低并且（他们）对于美国医疗系统不信任——长期以来没能接受平等的医疗服务，但是医疗算法没能将这一问题考虑在内。由于这些原因，黑人患者在医疗保健上的支出占其收入较小一部分，但这并不意味着他们对医疗的需求也较小。现在越来越多人呼吁应该围绕健康以及人工智能进行讨论，并且应该让更多人参与其中，我们发现以患者为中心的医疗系统可以在以下两方面取得进展：首先，我们可以让医护人员以"守门人"或者"中间人"的身份平衡患者和人工智能系统之间的关系，指导患者正确使用人工智能，这不仅可以帮助患者使用人工智能，而且可以帮助他们平等地接受安全性更高、质量更好的医疗服务；其次，听取患者群体、社区卫生工作者、护士、护理人员的想法和专业建议，以便更好地了解人工智能到底为我们的生活带来了怎样的影响。

信任

自格蕾丝接受推荐的治疗方案后，我们可能自然而然地认为格蕾丝相信主治医生为她指定了正确的治疗方案。但格蕾丝是这么想的吗，她真的相信医生所做出的决定吗？

如果我们相信某人会为我们做些什么，那么这意味着我们相信他们掌握的相关知识有能力完成我们所托付的事情，并且他们的出发点是好的，这意味着他们不会试图误导或伤害我们。信任需要时间来建立，但是也很容易被打破。因此，对于对方的能力和善意的信任，需要不断得到新的积极正反馈才能逐步建立和巩固，这一点很重要。在单纯的信任关系中，受托人并没有向委托人承诺后者托付给自己的事情一定能实现，委托人有的只是自己的一厢情愿。实际上，人与人之间的信任是十分脆弱的，在这段关系中，相对于受托人，委托人处于弱势地位，容易受到伤害。

格蕾丝似乎很信任她的医生，这可能并不奇怪。这因为医生是最具有权威性最值得信赖的职业之一。医生在治疗过程中为我们扎针、开刀、缝合伤口时我们通常会感到比较放心；我们会告诉医生自己的想法和担忧，甚至是一些不可告人的秘密。我们信任医生和护士，因为我们相信他们懂得如何照料病人；他们有专业技能和知识，也有医者仁心。但是由于相信医生了解我们的病情，不可避免地，患者会发现在这段医护关系中自己处于劣势，这其实主要是因为两者之间的知识和权力的不平衡。

有人认为人工智能会让信任在医患间变得不那么重要。据说它能提高诊断准确性、效率，并为患者赋能，使其在医患关系中不再处于劣势。但是如果这种相对劣势不复存在，那么患者对于医生的信任似乎就没有那么必要了。人们可以依靠医护人员和医疗系统实施已经达成一致意见的治疗方案。医疗机构和医护人员是经过专业认定的，具有专业的管理体系并且会与患者签订专属治疗协议，这些在一定程度上消除了医患关系中患者的劣势，并增加了医患之间的信任。人工智能可以加速这一过程。但这种程序化运营的缺点和随后的信任丧失会导致医疗机构以及医护人员官司缠身。患者对医疗机构和医护人员而言更像是顾客，他们希望得到某些服务。当患者认为承诺的服务没有兑现时，他们会使用法律手段来表达不满以及索赔（而在信任关系中，他们会因进展顺利而心怀感激，也会因为进展曲折而感到遭受背叛）。人工智能可以提高诊断的合理性和可靠性，并且可能加速这一趋势。如果医方承诺为患者提供更全面的护理，患者将对此抱有很大期望，但当没有完全实现自己的心理预期时，患者有权申诉，表达自身不满。

应用于医学的人工智能可以从另一方面减少医患间的信任。机器学习和云计算等前沿技术可以用数据来记录我们的生活和身体状态，记录每一个动作和活动——比如我们的行进步数，或者在社交媒体上发布的内容，形成"可运作"的健康数据，经过收集利用来解决糖尿病以及心理疾病等健康问题。这为更多参与者打开了临床医学的大门，并为新的医疗企业的发展提供了肥沃的土壤——前者渴望在资金短缺的情况下找到解决健康问题的方案，后者渴望获得有价值的个人医疗健康数据来完善自身人工智能模型。重要的是，这些新参与者不受传统医疗保健服务者所肩负的那种道德承诺和信任责任的约束，以及类似的法律和监管体系的约束。虽然人们似乎明白大众和私营公司之间应当建立良好的伙伴关系，这一点很重要，但他们仍然担心在他们看来不负责任的私营公司会利用他们的健康数据牟取暴利；而这些数据原本是出于对医生的信任而提供给后者，用于治疗疾病和维护共同利益的。一个强有力的法律和监管体系可以解决这些问题，并与新参与者建立良好的伙伴关系。除此之外，我们还需发展出一种新的道德观以及文化，让人工智能开发者能够从道德及社会层面上对自身工作和现实影响进行反思。

同理心

格蕾丝在智能手机上查看了医疗诊断和治疗方案。但是没有医生进行常规问诊。如果格蕾丝有时间等待医生预约，或者有钱支付门诊费用，那么可以和医生进行面对面交流。但最终她并没有这样做。就算预约挂号医生又会对她说些什么呢？她需要了解的，手机里的那份诊断报告都讲清楚了。

利用时间和其他资源的效率对医疗保健而言很重要，而且随着人口老龄化，会变得更加重要。医疗系统通过利用人工智能对患者进行分诊、诊断和治疗，可以更谨慎地使用资源，并且理论上不会影响诊断准确性和治疗有效性。

然而，追求更高效率可能会对其他基本医疗价值观产生负面影响，如同理心。当为了效率分秒必争，既有资源无法满足众人的所有需要时，握着病人的手倾听他们的担忧顾虑便成了医疗服务机构试图省却的环节。尽管这种患者至上的护理模式将同理心重新纳入医疗领域，但经济因素限制医疗人员在与患者接触时发挥自身同理心。事实上，出现了这样有趣的发现：一方面，我们试图开发更个性化，甚至具备同理心的智能机器，它们可以关注个性化需求；但另一方面，医疗人员被迫在时间紧张、资源有限的环境下工作，迫使他们更冷静超脱，更机械式地与病人打交道。

然而，一些人工智能的支持者认为，使用人工智能系统实际上可以帮助医疗人员发挥同理心。在他们看来，该系统能让医生和护士有时间陪在病人身边沟通交流，并用比以往更人性化的方式关心、照料他们。我们不应忽视这种对未来美好的愿景，因为这确实是有可能实现的。但要想实现这一美好憧憬并非依靠人工智能，而更多的是依赖那些做出医疗决策的人们，只有当他们重视医疗中的人文关怀时才会愿意为此拨付资金。

无论从哪一方面看，把人看成有爱心的，而把机器看成冰冷无情的这种二分法虽然被不断建构反复提及，实际上却不一定站得住脚。人类一直受到技术发展的影响也在不断利用技术，同样地，在医疗和其他领域也是如此。同理心和关怀可以通过科技显现。例如，从加热听诊器以防止患者的皮肤接触到冰冷仪器，到缓解疼痛，再到设计符合病人需求的假肢，以及高效人工智能物流系统——不让急诊室的病人面临床位紧张的问题，护理质量的提升归功于医护人员和科技的共同作用。这是医生、病人、护士、清洁工、机器、算法、药物、针管、医疗机构、医疗规章共同作用的结果——
这里仅仅提到了其中的一部分，我们需要不断平衡复杂的需
求和不断变化的重点问题。正确找到平衡点不是一个技术问
题，而是一个伦理、社会和政治上的问题，而这需要整个社
会协商解决。

结语

格蕾丝的故事既不是医疗中人们所能想到的最糟糕的，
也不是最令人兴奋的未来可能会发生的事情。这听起来很普
通，可信度较高，而且几乎未来一定会发生。在大多数发达
国家，医疗保健系统依旧会持续运转，人们仍然可以通过各
种途径获得医疗服务，接受治疗，并希望身体可以好转。也
许这个系统未来并不会有足够的"人情味"或同理心，护士
和其他医疗人员经常会劳累过度。因此，除非有人有能力支
付较高的医疗费用，否则将很难获得专业的医疗服务。人工智
能也会偶尔出错——也许对于某些群体而言出错率会更高。

但是，尽管格蕾丝的故事听起来一定会发生，不可避
免，但我们永远无法确定未来会怎样。那么，这是我们能想
象到的医疗发展的最好前景吗？

人工智能有望极大促进医疗保健发展，但伴随而来的是还有一些风险。与其说是我们可能面临强大的超智能机器完全替代人类的风险，不如说是系统内部结构性的不公正、偏见和不平等等风险不能被解决，因为没有人真正知道算法是如何运行的。也许当你最脆弱的时候，可能没有医生或护士握着手安慰你，这其实也是一种风险。目前有许多因素激励我们研发有道德的或值得信赖的人工智能，并且我们为此付出的努力也是十分重要的。但是，我们不应仅仅局限于此。"技术解决一切主义"和"快速行动获得突破"的冲动往往主导着科技行业，但这些并不适合于医疗保健行业，因为这与同理心、团结和信任等基本医疗价值观格格不入。

那么，我们应如何解决这些社会政治和伦理问题呢？

正是在这个关键时刻，我们才有机会去设想不同的未来。患者、医生、护士、护理人员——不仅是用户、消费者或客户，而是一个积极的公民集体，他们在推动未来技术发展中至关重要——需要在这一过程中各司其职，明确自身位置。技术人员、研究人员、医护人员和活动家、民间组织和患者群体之间需要结盟，推动问责制以持续监测人工智能系统，终止那些不利于无力抗争的弱势群体的人工智能项目，甚至可以在某些技术项目的研发阶段和正式推行前就对其叫停。

　　为了构建医疗保健行业的美好未来，我们需确决定这些技术未来是否可以或者应该发挥作用，在多大程度上发挥起作用，怎样发挥其作用，以及在使用该技术的过程中应遵循怎样的监管框架和保障措施？人工智能确实可以提高医疗保健水平，但我们不能不作为，在这场不可避免的技术洪流中随波逐流；相反，应积极地朝着我们自己选择的未来迈进。

　　"格蕾丝的未来"在许多方面映射出现实。她生活在一个科技不断发展的世界里，但当前所面临的基本社会政治和伦理问题在那时仍未得到解决。当然，格蕾丝理应拥有一个更美好的未来，我们也一样。

第19章 将机器人"绳之以法"很愚蠢吗

约翰·达纳赫 （John Danaher）

布福尼亚（bouphonia）是古希腊的一个奇特仪式。每年仲夏时分，一群公牛会被牵到位于雅典卫城一个神庙的圣坛之前。然后，人们会向圣坛前抛撒神圣谷物，当作献给宙斯的祭礼。然后，一定会有一头牛不由自主地走上前并摄食谷物，这就意味着它自愿选择成为祭品。会有一个人上前用刀将这头牛宰杀，随即快速逃离现场。这是为何？因为宰杀能耕作的牲畜在当时被视为一种严重罪行。

本章主要讨论未来的惩罚，尤其是机器人在塑造此种未来的过程中所扮演的角色。在此之前，我们先将思绪拉回到过去，看看2500年前的布福尼亚仪式。

布福尼亚

祭祀仪式是古代各个社会中都会有的一种常见仪式，但是布福尼亚这一献祭仪式有许多不同寻常之处。当杀死祭品牛的嫌疑人逃离犯罪现场后，留在神庙里的其他人会立即组织一场审判，以寻找"真正的"犯罪嫌疑人。所有参与这场宰杀的当事人都会被要求为自己辩护。首先是审判去为磨刀者打水的人，他们自称无罪，并把矛头指向磨刀者。磨刀者也会否认其罪行，所以那把刀成了这场宰杀的唯一直接参与者。由于那把刀无法为自己发声，因此会被定罪并丢进大海以示惩戒。[1]

　　看起来相当荒谬，对吧？但是，这里还是有逻辑可循的。人们觉得，想要安抚天神，就必须献祭这头牛，但同时他们也强烈认识到这是一种犯罪。总得有人"背锅"，而这个审判仪式的目的就在于赦免人类有罪一方的同时还要确保有人，或者不如说是有东西去承担罪责。

　　尽管有这么多的奇怪之处，布福尼亚仪式却体现了人类社会的两个重要特质。第一，它体现了问责和惩罚在人类生活中一直具有重要意义。尽管历经了2500年的文化与科技创新，我们现在依然能看到这个仪式的影子。如今在审判所或刑事法庭中，我们遵循着类似的"仪式"，日复一日，年复一年。无论何时，人们都十分渴望抓到为非作歹的犯罪分子，并为正义得到伸张而心存感激。第二，它也突出了这种愿望的偶然荒诞特质。这种问责和惩罚"仪式"让我们觉得自己好像是孤立的自我决断的行为主体，能掌控自己的命运。但事实上，我们每个人都身处在一张复杂的因果关系网之中。我们互相影响，也被我们的文化，社会和科技影响、塑造着。尽管看起来荒诞不经，但那把刀的确是这场"犯罪"中的一员。而科技所扮演的角色就是常常让犯罪成为可能。

在本章的剩余部分，我想考虑的问题是：当机器人或其他精密的人工智能机器融入我们的社会并在犯罪行为中发挥作用时会发生什么。它们是否应该像布福尼亚仪式中的那把刀一样，因其"罪行"而被问罪，还会发生什么更激进的事情？我将给激进主义做出说明。特别是，我建议，在机器人崛起的背景下，我们应当重新思虑传统惩罚与问责实践中的智慧。

问责和惩罚的重要性

在我为这个激进的未来做出阐释之前，我想为过去说几句话。惩罚和问责仪式在人类生活中起着非常重要的作用。如果将之抛弃，一些非常有价值的东西就有可能丢失。

其中一个原因是，问责和惩罚是人类道德建立的基础。

如果将其摒弃，就等于抛弃了道德本身。这种观点得到了一些哲学家和心理学家的认可。这一观点的另一种说法是，道德是从合作狩猎开始产生的。我们的祖先猎取大型猎物时面临着一个独特挑战，即一个人几乎无法独自猎杀一头鹿或野牛，因此必须组成团队。一个人负责把动物追赶至一片空地，而其他人负责上前用长矛将其击倒。为了有效合作，人类狩猎队伍必须开发一个特殊的心理工具箱。他们必须明白他们是在为一个共同目标而工作，这也就建立了哲学家所说的集体意向性能力（即他们的信念、欲望和意图必须有一个共同的目标或焦点）。然后，他们必须明白，在这个共同目标前，每个人都扮演着不同的角色。换句话说，为了成功，一个人必须做好一件事，另一个人必须做好另一件事，如若不然，目标就无法实现。这建立起了合作规范。最后，他们必须明白，不遵守规范会让整个团队失望。当有人不遵守合作规范时，其他团队成员则有正当理由对其问责，批评他们没有尽到自己的责任，并实施惩罚。合作狩猎的心理需要推动了我们独特的道德信仰和实践的发展：当我们开始把社会看作一个共同努力的结果时，道德也随之产生了，在这个过程中，我们每个人都扮演着不同角色，如果演砸了，就会被问责。

　　与此相关的反应性态度在我们的道德生活中具有重要
地位。反应性态度是指人们对人际关系中发生的事件所产生
的情感反应。它们构成了社会道德的基础。反应性态度包括
愤怒、憎恨、愤慨、感激和宽恕。这些反应性态度实际上包
含了我们在日常生活中对所经历事件的（道德上的）好恶程
度。如果你的伴侣有外遇，你可能会感到愤怒和憎恨。如果
他给你买了冰激凌，你就可能会感激和宽恕。这种反应性态
度有些合适，有些就不太合适。有些人倾向于对轻微的错误
行为过度反应；有些人则是心太软。无论哪种方式，反应性
态度都与对责任、责备和赞美的感知相联系。正是因为我们
认为别人对我们所经历的事情负有责任，所以我们才会以特
定的方式对他们做出反应。建立一个经过精心校正过的反应
态度库对于我们的惩罚和问责的实践具有重要意义。这样做
的重要性还在于另一个原因：据某些言论，人们对彼此的依
恋程度与反应性态度相关。如果我们不是真正关心人际关
系，如果我们对其他人所做的一切都漠不关心，那么我们就
没有能力去爱和关心他人。正是因为我们在意他人所做的
事，所以才容易感到愤怒、愤慨或指责他人。如果不愿意承
担产生愤怒和憎恨情绪的风险，就不可能对他人有高度的爱
和感激。正因如此，如果没有惩罚和问责，以及它们所带来

的反应性态度，我们就无法拥有所有人类体验中最有价值的一种感受：爱。

此外，另一个维度也体现了惩罚和问责的重要性。道德哲学家在他们的论证中常常把大量的权重放在直觉上。大多数人都有一种强烈的直觉，认为惩罚在道德上是必要的。这种直觉的侧重点似乎更多放在对错误行径本身的认识，而不是放在惩罚错误行为带来的益处上面。用不那么晦涩的语言来说：当人们通过直觉认为另一个人应该受到惩罚时，他们的评估标准是基于这个人是否对某些不法行为负有责任，而不是基于惩罚他是否会遏制未来的不法行为或是否能在未来带来其他好处。在要求人们做出反应的真实或虚拟情形实验中，这种观点得到了反复检验。我们可以现在就用一个例子来检验一下。

假设吉姆（Jim）刚刚残忍地谋杀了他的妻子和孩子。当被问及他是否感到悔恨时，他说没有。假设你是一名陪审团成员，负责决定应该怎么做。你有两个选择。一种是让吉姆去监狱度过余生，不予假释；另一种是把他送到一个热带岛屿上的豪华别墅里，幸福地度过余生。假设有人告诉你，这两个方案对阻止未来犯罪产生的效果相同，而你知道也这一做法在很大程度上能够奏效；且政府向你保证，会对吉姆被舒舒服服养在热带岛屿上的事情保密，并使其他人相信他正以常规方式接受惩罚，你会作何感想？

如果你觉得无论社会效益如何，吉姆都不能得到如此善待，因此不能接受第二个选项，那么你就像大多数人一样是一个直觉报应论者，认为做错了事，就应该受罚。这样的直觉在我们评价人类行为的道德价值中扮演举足轻重的角色，因此我们惩罚和问责的实践在道德上无疑是重要的。如果惩罚和问责消失，那么对于许多人在直觉上有巨大价值的事物也会随之消失。

机器人所带来的破坏

机器人会如何扰乱我们的惩罚和问责实践呢？来看看另一个例子，离现在比较近的例子。

2014年，一群瑞士艺术家创造了一个新奇的艺术装置。他们决定创造一个人工智能犯罪分子，而不是无聊的断头牛或未整理的床。[2] 更确切地说，他们创造了一个可以在网上购买非法商品的算法。它的名字是随机暗网购物者（Random Darknet Shopper），每周有价值100美元的比特币预算，用以在暗网上购买物品。通过算法，该机器人购买了各种形式的非法商品，包括山寨的路易威登手提包和一些极具争议的药品。购买来的物品随后在瑞士圣盖伦的一个艺术展览上展出。

故事并没有就此结束。当地警察部门对这个"随机暗网购物者"进行了逮捕（或者说，没收了软件）并调查。最后，他们确定没有任何犯罪行为发生。这个项目的艺术价值得到了认可，软件也被归还。

"随机暗网购物者"并不是一个特别复杂的人工智能。它是由程序员创建的，而程序员有明确的意图使其在暗网中购买非法物品。但他们不可能事先知道它将购买什么物品。因此，从严格意义上讲，程序员并没有购买违禁药品的意图。但他们知道可能会有情节严重的非法行为出现。作为创造者，程序员理所当然地要为这个人工智能的行为负责。此时，程序员就像布福尼亚仪式中的持刀者一样：他们是在用一种工具来实现一个目标。

但如果人工智能和机器人的能力变得更加复杂且独立，会发生什么？当它们根据自己的经验不断学习并制定出新的策略时，会发生什么？如果它们把人类"利润最大化"的指令误解为对它们从事欺诈行为的允许，会发生什么？在以人工智能为基础的高科技金融交易领域，这已经是令监管者和政策制定者严重担忧的问题，而在军用机器人和自动驾驶汽车方面人们也有类似忧虑，以至于现在有一些人争先恐后地制定新的道德规范，以确保机器人遵循我们的道德规则。然而它们总有不遵守规则的时候：它们会犯错并且利用人类道德逻辑中的一些模糊地带行不轨之事。

如果发生这种情况，我们是否会责罚机器人的错误行为？我们会不会像古希腊那些到神庙观看祭祀的民众一样，在我们真正应该惩罚挥舞利刃的人时，却惩罚了那把刀？

三种未来

在谈到机器人对我们的惩罚和问责实践的影响时，我们似乎面临三种可能的未来。

第一种未来是我们最熟悉的：我们可以抵制机器人是独立于人类创造者的道德主体这一概念；我们可以坚持认定（通过设计或法律）机器人只是服从人类个体和集体意志的工具。这就意味着机器人的错误行为至少能归咎于一个行为人。然后就可以行使我们的报应本能，让他们对所发生的事情负责。在这个未来，机器人的崛起并没有扰乱人类传统的惩罚和问责的道德实践。

第二种未来便不寻常了。我们可以接受这样的概念：机器人是独立于人类创造者的道德主体。同时，我们还可以接受它们成为我们集体社会中有自主意识的道德伙伴。我们可以与它们形成依恋关系，也可以在它们越轨时对其责罚。尽管机器人从起源上说并非人类，其心理也迥异于人类，在它们犯罪时惩罚它们好像并无不妥。这就要求对我们的道德实践做出调整，即我们必须接受机器人是独立于人类创造者的道德主体的事实。但是我们不久就会适应这种未来生活，因为在其中，惩罚和责备实践保留了其核心的道德重要性。

第三种未来可能会与我们目前的认知有些出入：机器人大量涌现，能够执行更多任务，但不被视作完全的道德主体。我们不赞同因其错误行为而惩罚机器人的做法。相反，我们专注于减轻和管理机器人广泛存在所带来的风险。我们也不认为它们只是工具，因为我们注意到它们和我们之间存在着越来越多的相似之处。人类不过是以另一种编程方式被创造出来的更加精密的"机器人"，也许人类是通过进化、文化熏陶和个人经验相结合的编程方式被创造出来的，但最终受制于相同的基本因果过程。因此，我们要思考传统的惩罚和问责制度是否已经不再适应新情况。荒诞之处已经开始浮现：在我们看来，把一个人（或机器人）扔进监狱，开始显得很像把刀丢进海里。虽然原始冲动可能得到满足，但这并不合逻辑和常理。

这是我想要捍卫的未来。为什么？有两点理由。第一个理由是，我们目前的许多（但不是全部）惩罚和问责实践都建立在一个哲学虚构上：我们是各自独立的、有自由意志的主体，能够对我们的行为负全部道德责任。这似乎并不正确，没有一个人是真正独立和完全自主的：我们由生物演化的历史、文化历史和个人历史所影响和塑造。即使人类不是完全由这些历史决定的，但把人类视为在某种程度上独立于这些历史，要我们对自己的行为完全负责，似乎是不公平的。诚然，这是一个有争议的立场，但我坚持这一立场。第二个理由是，尽管我们的惩罚和问责实践有其优点，但也有其黑暗的一面。鼓励残酷暴力的做法并为其辩护就是其中之一，这些残酷暴力包括从苦役到单独监禁乃至国家批准的处决杀戮。此外，这些残酷暴力还可能导致报复和暴力的破坏性循环。

但是前文提到的传统惩罚和问责实践优点是什么呢？答案可能并不像最初看起来那样令人信服。首先思考一下惩罚在社会道德中扮演的角色。社会道德是以报应性惩罚为基础开始的，这很可能是事实，但不应该继续下去。我们可以把社会共同体的形成看作一种共同努力的结果，我们可以对彼此有责任和义务，但不去惩罚人们过去的错误行为。我们不应该把责任只看成对过去的行为负责，相反，我们要关注的是对未来行为的责任。我们需要对集体的未来负责，而不要求彼此对过去负责。除此之外，我们还要考虑到反应性态度在我们生活中的积极作用。事实是否果真如此：要想彼此相爱和关怀，就必须冒着产生愤怒和憎恨情绪的风险吗？那种认为我们能对彼此富有同情心但又不至于太过激动和烦恼的设想，似乎是也可能实现的。事实上，也许一些情感上的冷静，尤其是与愤怒和憎恨这种情绪相比，对社会来说是一种净收益。此外，我们需要重新考虑报应性直觉存在的必要性。虽然很多人都有这种直觉，但现在的证据来看，我们可能需要重新考量这种直觉了。凭直觉，在许多人看来，羽毛应该比铁砧落得慢（在真空中），但我们现在知道这是错误的。

也许有人犯罪就要有相应的惩罚这种直觉也是错的？在未来的机器人和高级人工智能的世界里，我们可以开始质疑这一逻辑。毕竟在布福尼亚仪式中，不仅指责刀子的做法荒诞不经，指责持刀人也不合理。

注释

1. 古典主义者可能对我对该仪式的描述不满意。为了修辞上的简洁，我简化了一些细节。详情请见W. Burkert, *Greek Religion*（Harvard University Press, 1985）.

2. 我是不是暴露年龄了，这是20世纪90年代获得特纳艺术奖的两件恶名远扬的展品，分别由达米安·赫斯特（Damian Hirst）和翠西·艾明（Tracey Emin）创作。

第20章　可以完全依赖人工智能进行决策吗

杰斯·惠特斯通（Jess Whittlestone）

在我们面临现今最具挑战性的全球问题时，人工智能技术的进步将会怎样帮助我们应对它呢？

最近几十年来，有关心理学的研究记录下了人们容易产生的偏见和容易做出的不理智行为，描绘出了一幅有关人类决策的悲剧画卷。这一事实似乎在一定程度上证明我们在面对不容忽视的全球性巨变时所做出的抗争是必要的，例如：缓解因新兴技术而产生的气候变化和隐患，减少全球范围内的不公平现象。我们发现自己很难被长期的、抽象的，或统计性的因素所驱动而做出某种改变。许多全球性问题过于复杂，我们无法完全理解。同样，我们也不能以十足的把握预测在遥远的未来发生的事。

与此同时，人工智能的发展正受到越来越多的关注，这就催生出了一个问题：我们能否通过利用这些技术，改善我们在未来的重要问题上做出的决策？如果可以，那我们该怎么做？

人类决策的优势和短板

如果要具体展开说的话，近几十年来在人工智能领域的研究表明，人类的能力的确超群，只是这种强大并不是我们习以为常的那种。在人类认知领域，有许多我们司空见惯的事物被证明很难被机器复制。比如，我们能够将形态各异的椅子或者狗归类，还能识别具有不同光影、背景、视角的图像。这些对我们来说轻而易举的事，在人工智能系统的设计中却很难被实现。相反，我们认为下国际象棋需要运用更多智慧，但事实是人工智能只需要简单粗暴的学习就能轻松掌握。早在1997年，国际象棋的世界冠军就已经被电脑击败了。

一般来说，和机器相比，人类的认知能力已经被证明是十分强大且灵活的。当我们细想每天要处理多少复杂和模棱两可的信息，要做多少个决定时，像适应我们所处的环境和通过别人的表情了解他们的情绪这种“小事”就更加容易受到关注。

因为我们面临的世界有着极大的复杂性和不确定性，我们不可能将每一个决策做到尽善尽美。所以，我们选择经验主义的捷径：不假思索地走上以前一直走过的路。我们总是模仿周围人的行为。我们总是过滤掉大量非急需的信息。要想同时理解人类思想的优势和短板，我们就一定要明白我们接收和处理信息的能力是有限的，所以我们需要"经验法则"帮助我们理解这个极其复杂和充满不确定性的世界。这些基于经验的捷径思维在大部分情况下十分奏效，但是它们也系统性地限制了我们的思想。

即便是在做类似于今晚吃什么，或给朋友买什么生日礼物等最简单的决定时，我们也需要考虑要注意什么信息，忽略什么信息。世上有许多选项供我们选择，即使你将选择范围缩小到一个方向，比如选择一件针织套衫，也有数以千计的品牌和商铺供你挑选。即便你的冰箱里只有十种食材，你也有数百种组合它们的方式。

所有的这些意味着我们有可能更倾向于倚重那些在情感上令人信服的，或者是直接摆在我们面前的信息，而不是那些更加抽象且不确定，但又更加重要的信息。与其尝试解决如何最大限度地改善我朋友的生活这一难题，不如直接给他们买我第一眼相中的那件针织套衫。我们也更容易被短期的甜头所吸引，比如只想再多吃一勺冰激凌，而不太容易被长期的、更加可靠的好处所驱使，例如健康饮食的好处。

我们在决策中简单粗暴地基于经验捷径行事也意味着保

持一致性并非我们的强项。在不同的日子问我同一个问题，我可能会根据你对问题的表达和我当时的想法，给出不同的回答。事实上，因为我们必须走许多捷径，所以在面对复杂且模棱两可的信息时，我们容易习得"错觉相关"。换句话说，就是让我们相信并不存在的模式或联系。有人认为，这种倾向为毫无真实性且有害的刻板印象的形成和持续存在打下了基础：假设你认为女性不如男性，那么你就会开始关注所有适用于此观点的男性个体和女性个体，而刻意忽略所有不适用于此观点的案例。

这些局限性似乎会特别影响我们应对全球性挑战的能力。这些挑战需要我们提前做好准备，并在应对时采取集体行动。但正是这些挑战的"全球性"让我们很难对它们进行理解和预测：当面对哪些干预措施最能有效减轻气候变化，核武器的威胁有多大，或者是新型传染病的传播速度有多快等复杂问题时，我们的直觉变得不再可靠。在回答这些问题时，我们很容易给出看似言之有理但是过于简单的结论，并在这上面浪费大量的时间和资源。

我们在人类决策中见识到的偏见和错误，证明了我们大脑承载的信息量超出了我们能够承受的范围，即所谓的信息过载。在很多方面，这种信息过载的情况只增不减——我们在网络上接触到越来越多信息，我们比以往任何时候都有更多选择。这让我们处理信息的局限性愈发凸显。

但是，我们有没有办法利用全球的互联互通和随时可利用的信息应对全球挑战？

人工智能的预示

对于利用人工智能改善决策，我们有两种截然不同的认知方式。

第一种是将人工智能系统视作人工决策的替代品：越来越多的决策被外包给能够更快更高效地解决问题的自动化系统。举一个简单的例子，谷歌地图在获悉一个城市的所有路径，以及计算从A点到B点的最优路径等事上胜过我的大脑，所以很多时候我都会将制定路线的决策外包给它，不加思考地按照它的导航走。

第二种是将人工智能系统视作人类能力的补充：它们能帮助我们以全新且重要的方式理解这个世界。我们不能简单地认为这些方式优于人类理解世界的方式，两者应是互补的。在有些事上，我更了解我的城市，比如哪些路线在晚上最安全，哪些路线在白天的风景最好，这些信息都不容易被谷歌地图的软件收录。谷歌地图可以帮助我规划耗时最短的路线，以节省我的体力和时间，但是在其他情况下，我会把谷歌地图导航与我已知的其他知识相结合使用。

当前许多有关人工智能在社会中的运用的讨论都含蓄地指向第一种观点：也就是用更高效、更优秀的人工智能决策程序取代人类决策。这一观点似乎也加强了许多有关人工智能对社会和人类产生的潜在影响的担心：工作中自动化的增长究竟对经济、不平等以及人存在的意义意味着什么；那些被设定在决策算法中的偏见令人困扰；人工智能开始在越来越多的领域中取代人类，而它的安全性和可靠性究竟几何。

鉴于这些担忧，我们的社会应该问一个重要的问题：我们是否真的希望，或者需要构建一套人工智能系统以取代人工服务？我的建议是，我们应该更明确地考虑将人类和机器各自的优势相结合，尤其是在我们的社会面临最关键的问题时。

由于人类推理的局限性源于我们有限的认知能力，我们有充分的理由认为人工智能可以帮助我们克服这些具体的局限性，并与我们的思维优势互补。当处理诸如说服他人或与他人交流等多数日常问题时，人工智能系统往往不如人类灵活高效，但是它们可以帮助我们更加精确可靠地理解大量复杂信息。在联合国最近的一份关于人工智能的报告中，联合国粮食及农业组织表示："人工智能最重要的作用……是预测意外事件、威胁和危机。通过早期发现、预防和缓解等手段，我们就可以在饥荒、气候变化、移民等挑战成为危机前将其解决。"

人工智能与人类能力优势互补的另一种显著方式是为我们提供工具，更严格地设计决策过程，从而帮我们做出更一致、更系统的决策。

有证据显示，在简单的问题预判方面，即使是非常简单的算法也胜过专家的判断。例如，在预测假释期中的囚犯是否会再次犯罪，或是潜在候选人在未来的工作中是否能够表现良好时，算法已被证实比人类的预测更准确。在超过100个不同领域的研究中，半数案例显示简单的算法能比专家做出更好的、更有意义的预测，其余的案例（除了极少数）则显示两者之间不相上下。当问题涉及诸多因素且某种情况存在极大的不确定性时，简单的算法可以通过关注最重要的因素和保持一致性胜出，而人类的判断很容易被一些显而易见但可能与最终事实毫不相关的因素动摇。更深入的证据也证明了类似观点，即"重大事项清单"可以通过确保人们在超负荷工作时不遗漏重要步骤或事项，提升多个领域专家决策的质量。例如，在重症监护室治疗患者需要每天进行上百个细微动作，一个小错误就有可能导致患者死亡。事实证明，在从预防活体感染到减少肺炎病例等一系列医疗活动中，利用清单（备忘录）来确保不遗漏每个关键步骤是十分有效的。

除了非常简单的算法，其他基于人工智能的工具也能在复杂的领域进行更好的因果推理和概率推理。人们天生就有能力建立这个世界的因果模型，以解释事情发生的缘由，这是人工智能系统所不具备的能力。例如，一个医生可以通过讲解治疗给患者身体带来的变化，向患者解释为什么这种治疗有用，但是现代的机器学习系统只能回答：接受这种治疗的患者基本上身体都有所好转。但是，当因果关系变得足够复杂时，比如评估政策干预对整个社会的影响，人类的推理仍然容易出现混乱和错误。在这种情况下，使用更加结构化的人工智能工具辅助人类进行推理会大有裨益。研究人员一直在探索使用贝叶斯（Bayesian）网络。它是一种人工智能技术，可以用于描绘事物之间的因果关系和表示不同领域存在的不确定性的程度，从而为决策提供支持，比如更准确地评估风险。在历史数据不足的情况下，这些技术对评估类似于恐怖袭击或新的生态灾难等新型或罕见的威胁十分有效。

这对我们应该建立的人工智能系统意味着什么

从人工智能在哪些方面能够支持更好的决策的例子中，我们可能注意到两件事。第一，在这些案例中不存在人工智能系统完全接管决策过程的情况，相反，它们被用来提取有用的信息并将这些信息结构化，以帮助我们规避人类推理的一些常见陷阱。第二，许多案例并不涉及遥不可及的精密机器学习方法，而是与分析数据和架构决策相关的简单算法，根据主流定义，这些算法和工具都不会被归为"人工智能"。

人类很难只靠自己收集和分析来预测病毒的传播，提供绘制发展中国家人口密度图所需要的数据。但是，那些以这些信息为依据做出的决策还是需要由人类做出，比如应该实施怎样的卫生干预措施，或是如何在国内分配稀缺资源等。这种决策最后可能深受价值观影响，充满政治性，需要在合理的不同意见中做出权衡。例如，在决定如何在医院之间有效分配资源时，要在病情最严重的患者和最有可能康复的患者之间进行权衡。为了尽可能地确保这些决策公正透明，它们必须由了解全部情况并且能够承担相应责任的人做出。

　　实际上，最近在社会上，由人工智能的使用产生的诸多问题，都源于它们被用于自动执行那些包含着主观因素的决策：有关某人是否应该被假释，是否应得到这份工作，以及是否应向其提供贷款等问题的决策。算法可以为我们推算来自某一特定群体的人再次犯罪、成功就业或偿还贷款的概率提供统计信息。但是基于这些统计信息，谁应该得到怎样的机会仍是一个没有标准的问题。毫无疑问，遵循算法可能会最终加剧历史上的不公：如果少数族裔在招聘中一向受到歧视，那么数据将会显示他们在工作中成功的概率较低，从而导致他们在未来受到更多的歧视。

　　但是，如果我们将在这些背景中使用的算法视作一个范围更广的决策中的一项数据分析，那么我们更容易关注并减轻对于偏见的担忧。我们不应该期望人工智能系统能够理解人类价值观的复杂性和细微差别。鉴于人类和人工智能各自的相对优势，这显然不是它们目前最能帮助到我们的地方。

　　尽管如此，当涉及情况特殊，具有主观性的决策时，算法有时可以帮助我们更清晰地梳理问题，减少我们在认知过程中下的功夫：提取关键信息，确保我们不会忽略重要因素，并帮助我们更清晰地思考复杂系统中的因果关系。回到疾病管控的案例，人工智能系统无法告诉政府如何最大限度地拯救生命，但是不同的工具可以提供有关病毒蔓延及其后果的有效数据信息，确保政策制定者在决策时考虑到所有重要因素，并在他们预判备选政策的影响时提供决策支持。

如果我们把人工智能更多地视作对人类决策的支持与补充而不是后者的替代品，我们可能会发现我们最需要的绝不是如今被大肆宣传和被研究人员高度关注的极其复杂的机器学习能力。对于许多重要的现实问题，最被我们需要的并不一定是最佳的计算机视觉和自然语言处理能力，因为我们的视觉和语言能力已经非常优秀了。我们最需要的是较为简单的大数据分析，以及架构推理和决策的实用性工具。

如果我们明确地将目标定为构建人工智能以帮助人类处理需要应对的重要事情，那么我们的重点研究领域将会与现在的大相径庭。

第21章　无人驾驶"不道德"吗

大卫·埃德蒙兹（David Edmonds）

几年前，我在英国中部驾车旅行。我驾车到健身房，然后去工作，之后再回家。那次旅行没什么特别之处，除了一件事——方向盘后面没有人。

无人车的未来体现了芝诺悖论（Zeno's paradox）的某些内容：多年来我们一直被告知无人车即将出现在街头，而我们也越来越期待那一天，尽管那一天越来越近，却似乎永远不会到来。

我在特设的轨道上测试过一辆无人车，这辆车的卫星导航上有程序写入的各种目的地，标示着"健身房""工作地""家"。我后来回想这次经历，不禁为自己的适应速度而感到震惊。前几分钟，看着这辆车自己发出信号，在路口和交通灯处停下，接着又绕过环形交叉路口，我既感到惊奇又有点儿害怕。方向盘在无人碰触的情况下转动，刹车功能也是自动的。不过我的兴奋和担忧很快就消失了。15分钟过后，我已经感觉非常自然。

以我非专业的眼光来看，这类车几乎可以投入商业生产了。然而，工程师和设计者却觉得这类车要想真正上路行驶还面临着艰难的挑战。现在无人车还存在一些人们津津乐道的技术问题和法律问题。其中一些问题主要存在于人工驾驶汽车和无人车并存的过渡期，在这一阶段可能会发生一些特殊情况。比如，无人车守法但人类驾驶员不守法。如果所有汽车都守法是没问题的，如果人工驾驶汽车超速行驶，无人车偶尔跟着超速行驶可能也还比较安全。但是用所谓的"顽皮软件"给无人车编程就会带来各种问题了。比如，无人车会调整自己的速度迎合人类驾驶员的危险行为。在这种情况下，超速行驶的无人车车主会被罚款吗？罚款的话似乎不公平，但反过来只罚人类驾驶员似乎也不公平。

在过渡期，人工驾驶汽车可能会钻系统的空子。因为无人车会快速刹车避免相撞，所以方向盘后面的人可能不会那么在乎自己的行为，他们知道自己可以安全躲过碰撞，也便更加无所顾忌。除此之外，无人车在对会构成威胁的事物进行辨别方面也存在技术问题。人类很容易就能判断出路上的砖头会比塑料袋构成更大的威胁。而无人车却必须学习辨别路上的哪些东西是需要避开的，哪些东西又是可以忽视的。

所以这些都是无人车要克服的障碍。此外，这一未来的交通工具也会对伦理道德造成挑战，事实证明，这些问题可能更严重。

以下摘录选自2041年11月9日发布的一篇报道：

昨天，伦敦繁忙的A40路上发生了一起致人死亡的交通事故。目击者看到一个小孩跑到了路上，然后孩子妈妈冲上去追他。一辆汽车（正以每小时40英里①的法定速度行驶）为了避开这对母子急转弯越过了人行道，撞死了一名年轻男性。尽管救护车在几分钟之内就赶到了，却还是没来得及挽救这名男性的生命。据报道，这对母子受到了惊吓，不过身体并没受到伤害。

我很快会再回到这个故事上。但是，在此之前，我想展望一下未来拥有无人车的生活。回首20世纪，汽车的发明对郊区的发展发挥了重要作用，因为汽车的出现意味着人们不必再离工作地或生活设施那么近了。我预测无人车将带来同等的变革性影响，事实将证明无人车是汽车自发明以来进行的最大变革。

———————

① 　1英里≈1.609千米。——编者注

目前，像伦敦这样的城市交通拥挤，停车位稀缺，有时候很难找到地方停车。停放的汽车导致道路变窄。帮助引导人类驾驶员的标牌在这座城市随处可见。在郊区，很多住宅空间都被车库和车道占用。

未来的伦敦无论是看起来还是感觉起来都会有所不同。几十年后，汽车可能会成为富人才能拥有的奢侈品。毕竟，我们大多数人每天只有一小部分的时间用到汽车。所以未来我们可能无须拥有私家车，而是只在需要的时候打电话叫来一辆无人车。也许大部分无人车都会在市区内外的大型停车场"过夜"。

这会使这座城市的建筑和氛围发生根本变化。

当然，所有这些并非不可避免。确实，理论上我们可以禁止无人车。但是如果我们要采取功利主义的方法（功利主义是一种理论：我们应该通过一件事情是否能为大多数人带来好处或幸福来判断它是对的还是错的），那我们当然应该接受未来的无人车。因为其优势似乎远远大于劣势。

下面就是无人车带来的一些好处。

1.安全。这是主要的进步。目前，每年有一百多万人死于交通事故。美国每年因此丧生的人数要比越南战争中最惨烈的岁月里的死亡人数多两倍。这些死亡大部分都是由人为失误造成的。无人车不会因为跟着收音机唱歌而分心，也不会因为副驾驶座上烦人的配偶而分心。它们不会累，也不会趴在方向盘上睡着。它们更不会在聚会上喝五瓶啤酒还信誓旦旦地说尽管如此自己还能安全驾驶。

2.社会效益。许多人因为不能开车在生理上和社会上都受到了孤立。他们也许是因为年迈无法安全驾驶，也许是因为身体残疾不能开车。也许他们能开车但买不起车。当然，理论上讲，这些人可以靠出租车或者网约车出行。实际上这只是小部分人的解决方案。对我们大部分人来说，打车很贵。经常打车去咖啡厅、商店或者见朋友是不现实的。打车成本中占比最大的是司机的劳务费。无人车将提供打车服务，而价格仅为今天的零头。

3.经济效益。我们已经提到乘坐无人车要比乘坐优步（Uber）等网约车更实惠。确实，优步和所有其他打车App运营商似乎都预见了这样一个结局：他们不必再向驾驶汽车的司机支付工资就可以运作一个车队。而且除此之外，人们在保险上面也会省下一笔钱。由于无人车更安全，车险也会相应地降低，所有的车主都将从中受益。

4.环境效益。似乎所有的汽车，不管是无人车还是人工驾驶汽车都会变成电动的。在无人车得到普及的大环境下，打车出行需求增加可能会导致行驶总里程增加。尽管如此，无人车仍然会对环境产生积极影响。交通拥堵的情况会有所缓解，因为交通流量会得到更好的调节（汽车能以相同的速度贴得更近行驶），人们也会有更多机会共享旅程。由于每辆车都将被更充分地利用，所以汽车总量会减少。

5.平等。在美国，美国黑人长时间以来一直抱怨经常被警察以某种借口拦下，但实际上他们仅仅是因为犯了"黑人驾驶罪"。在英国，也存在黑人群体因受歧视而成为警察眼中钉的现象。在无人车普及的情况下，这种不公平的现象有望全部消失。

6.轻松又高效。一些人喜欢开车。但是对于我们这些不喜欢开车的人来说，开车是一件既无聊又有压力的事情。繁忙的路况要求我们保持警觉，不了解路线也会让我们心生焦虑。无人车却可以让我们安心地坐在后座，用电子设备读小说或者用我们手机的语音识别功能听写电子邮件。日常汽车的维护也不用我们操心了：在未来，洗车、停车和汽车维修保养服务都会转包给运营商。

无人车有很多潜在的好处，带来的负面影响相对较少。当然，某些行业将遭受重大变革。数十万的出租车和货车司机将失去工作。其他的负面影响更难以预测，也许，酒的消费量会增加，因为人们不用再自己开车回家了。

更引人担忧的是研发无人车技术带来的风险。未来会有数据记录我们所有的出行。这会引起隐私泄露问题。无人车会被描述成"轮子上的老大哥"。还有黑客攻击问题。恶意的代理商会不会入侵控制系统把车开下悬崖？

但是，总体来看，无人车的积极影响要远远大于消极影响。无论如何，技术进步都不会轻易让人失望：无人车的时代似乎迟早会到来。现在要回到2041年的那篇报道上。

电车难题

电车难题是著名的道德哲学困境。这一困境起源于1967年牛津大学哲学家菲利帕·福特（Philippa Foot）写的一篇文章，大约20年后美国哲学家朱迪斯·贾维斯·汤姆森（Judith Jarvis Thomson）又写了续篇。

最初的难题是这样的。想象你正站在轨道边上，看到一辆火车朝你疾驰而来。显然，这辆火车刹不住了。糟糕的是，五个人被绑在了前面的轨道上，他们一旦被撞必然会面临死亡。你就在信号杆的旁边：如果你拉动了这个杆，你就会让火车转向另一条侧轨（一条支线），不幸的是，有一个人被绑在了这条侧轨上，如果你改变火车的方向，那这个人就会被杀死。你应该怎么做？这个案例叫作"侧轨"案例。

第二个难题是这一案例的改编版。这次还是有一辆失控的火车朝着绑在铁轨上的五个人驶来。这一次你在天桥上俯瞰这条铁轨，而旁边站着一个胖男人。如果你把这个男人推下桥，他就会摔死，但是他庞大的体重可以阻止火车前行，从而挽救五条生命。你该怎么做？这个案例叫作"胖男人"案例。

在全球诸多研究中，不论处于哪个年龄段，来自哪个阶层，也不论是什么国籍，所有人都倾向于给出一样的答案。他们说，正确的做法当然是在第一个案例中改变火车的行驶方向，而在第二个案例中选择不把胖男人推下去。

在某种程度上这是令人困惑的。既然这两个案例都涉及牺牲一条生命而拯救五条生命的选择，人们为什么会有这种互相矛盾的直觉反应呢？一些人开始致力于在哲学中寻找答案。我自己首选的方案借鉴了所谓的双效法则。"试图获得某个结果"和仅仅"预见某个结果"是有区别的。我们预见了侧轨上那个人会死亡，但并没有试图让他死亡。如果这个人以某种方式把自己从铁轨上解救下来并在被火车撞到之前跑掉了，我们会很高兴。但是我们试图让胖男人死亡就是故意为之：我们需要让他来阻止这辆火车，否则五条生命就无法获救。

尽管电车难题很费脑，但目前为止，除了哲学家们，这个问题还没有对普通人造成困扰，没打扰他们的睡眠。但是在自动化机器和无人车的时代，我们还是需要面对这个问题。不过这个问题可能会发生变化，就像2041年的报道中描述的案例一样。

确实，这些问题将会很罕见。在大多数情况下，汽车是可以停下来避免伤亡事故的。但是没有万全的系统。

选择，选择

无人车可能必须经过一些计算和权衡，不得不在一对母子的生命和一个年轻人的生命之间做出选择，这就会引起一些棘手的问题。和哲学家们想象的有所不同，现实世界存在很多不确定性。我们不确定自己的决定会带来什么后果。如果撇开这一重要警告不谈，我们应该用什么标准来评估行为是否正确？我们应该如何提前设置无人车的运行？如前所述，对电车难题的回应表明，我们大多数人都不是单纯的功利主义者，也就是说，即便将火车转向侧轨和把胖男人推下去这两种做法都会牺牲一条生命，但是大部分人还是会觉得后者比前者更残忍。然而，一旦提到由自动驾驶汽车做"决定"，人们更加功利的本能就会显露出来。研究表明，人们觉得无人车应该尽可能多地挽救生命。

我觉得，这一定是因为比起将"意图"这一概念附加给人类而言，我们发现很难将这一概念附加给自动化机器。我们觉得一个人将胖男人推下去时的心理活动和让火车转到侧轨时的心理活动是不一样的。当然，无人车是由人编程操控的，但是，在无人车对生死困境做出反应的过程中，人类的参与和影响感觉起来没有那么直接。

数据表明，这种功利主义偏好也不是一成不变的。确实，如果汽车左转会杀死一个行人，而右转会杀死两个行人，人们就会觉得无人车应该左转。但是人们认为，在对这辆车上乘客的生命和路上行人的生命抑或是另一辆车上乘客的生命进行权衡时，无人车不应该使用这一原则。也就是说，人们并不想乘坐一辆为了挽救他人生命会牺牲自己生命的车出行。

从伦理的角度来说，这似乎并不是一个可以站得住脚的立场。当我们置身事外时，认为可以牺牲一条生命来挽救两条生命，而涉及自身时，无论用什么方式计算或比较生命的价值，都会优先考虑自己的生命，人们怎能觉得这个原则合理呢？这种做法似乎有悖于一条黄金定律：己所不欲，勿施于人。如果我们想要一辆以维护自我利益为重的车，那我们就应该允许别人也这么做。

然而，如果调查数据准确无误，无人车只按照非人性化的功利主义原则行驶，那么人类可能不愿意使用这种汽车。我觉得这可能也是一件令人遗憾的事情，因为无人车有望带来巨大的社会效益。我希望用户相信无人车牺牲自己乘客的这种风险是微乎其微的，总体而言，在无人车的时代他们会比现在更安全。

无论如何，无人车如何应对一些罕见情况（如不可避免的交通事故）要由谁来决定呢？是政府还是生产商？车主还是乘客？ 我们可以为我们的汽车选择道德标准吗？就像说"我想要一辆栗色的康德式保时捷敞篷车"一样。这样做可能会增加不确定性，因为不同的汽车会依照不同的"道德算法"飞驰，结果难以预测，而且会让人缺乏安全感。

然后就是责任和保险问题。目前，发生交通事故后，我们需要分摊责任。如果约翰（John）的车与玛丽（Mary）的车相撞，我们要判定是谁的责任。如果是约翰的责任，一般情况下，他就要用自己的保险支付赔偿金。但是如果汽车是自动驾驶的，那么对约翰进行追责似乎就不合理。在什么情况下应该由制造商来买单呢？律师正在考虑该问题的解决方案：一种选择是用户支付保险附加费，也就是将钱投入一个巨大的资金池中。如果无人车出现事故，用户或车主不需要动用个人保险，而是由集体基金进行赔偿。

在过渡期责任问题甚至更复杂，在这一时期，同一时间的同一路段上既有无人车又有人工驾驶汽车。我已经提到很多人喜欢驾驶，但是假如无人车的威胁远小于人工驾驶汽车的威胁，在我看来坚持自己驾驶的人至少应该（被迫）支付某种形式的溢价税费，这是另一种方案。

当然，无人车还面临着很大的技术挑战，这一点是不可否认的。为了让无人车尽可能安全，我们需要在车道上或车道附近进行投资，安装一些电子设备（可以发出信号方便导航）。我并不希望无人车证实芝诺悖论，我希望无人车尽快实现其目标（出现在路上）。如果无人车真的投入使用，将会挽救许多生命。

大多数认为无人车不可行的人都会提到，我们在一些功能设计和基础设施上还存在重大难题，这些问题确实存在。不过事实证明，阻挡无人车问世的真正绊脚石可能是棘手的伦理问题和法律问题。

第六部分

未来的交流

Part Six

Future Communication

第22章　未来还有隐私吗

卡丽娜·维丽兹（Carissa Veliz）

当我们回顾人类在历史上的所作所为时，大部分人都会承认其中有许多事令人不齿。千百年来，许多人做出了残害同类的暴行，做出过的糟糕决定带来无数不必要的动乱和苦难。为何人类在历史上无法做得更好？这可能在一定程度上归因于贪婪、自私、沙文主义、鼠目寸光、粗心大意，以及其他蒙蔽了我们道德观的错误和偏见。虽然这个世界仍被一些毫无意义的苦难蹂躏，但某些地方已经有所改观。举例来说，《世界人权宣言》（*Universal Declaration of Human Rights*）的颁布以及医学伦理的进步都是一些促进人类善待彼此的新举措。在反思历史的过程中，与那些历史故事的主人公们相比，我们在判定何为明智，何为愚蠢时似乎有更强的判断力。

比起现在的道德问题，人们更能在过去的道德问题上明辨是非。其中一个颇有道理的原因是我们对过去发生的事了如指掌。但是，现如今，我们只能通过想象判断今日的举措对明日的影响。

另一个我们可以对过去有明确道德判断的原因是我们可以置身事外，无须亲身经历，尤其是年代久远的问题。举例来说，因为我们不是在"工业革命"时期的商人，所以我们更容易理解工人身处恶劣的工作环境在道德上是有多么不可接受；因为我们无法体会搏斗的乐趣和商业的诱惑，所以我们更容易会为罗马人强迫奴隶做角斗士而义愤填膺。因为过去的事情不牵扯我们的利益，所以我们有相对公正的道德观。

设想一下，很久以后的伦理学家们将如何看待我们在现在和不远的未来的种种举动？这能够启发性地引导我们重新审视目前的伦理问题，使我们跳脱出现在的环境，虽程度有限，却十分发人深省，因为我们站得更高更远。

在你来看，未来的伦理学家们会如何看待处于数字经济时代的我们对于个人隐私的处理方法呢？他们会认为我们当下的方法能够有效推进科学进步、政治稳定和个人福祉，还是会认为这会侵犯人权并带来不公、政治动荡以及不必要的烦恼？让我们先了解隐私问题的现状，然后再评判隐私被日益侵蚀的趋势究竟会让我们的前途更光明还是更黑暗。

隐私现状

现如今，英国、欧洲大陆和美国的公民保有的隐私大大少于20世纪90年代。在那时，大部分公司对用户的个人信息知之甚少，甚至可以说一无所知。对于有犯罪前科的人，政府掌握了其部分信息，但是对于守法公民的个人信息，政府实际能够掌握的很少，而且掌握的信息也大多分散在各个不同的机构。如果警方突然怀疑一个人可能是罪犯，他们也只能从那一刻开始收集用于后续调查的信息。

个人隐私十分重要，因为它保护个体免受权力滥用的伤害。它好比一个眼罩，迫使整个社会系统公平公正地对待每一个人。因为招聘员工的用人单位无法获取应聘者的个人隐私，所以他们无法以"身体健康状态"为由区别对待某一应聘者。

这一切在21世纪的头10年逐渐改变。谷歌和其他科技公司认识到，它们能够利用用户（在使用其产品或服务的过程中）产生的个人数据，构建用户的个人信息档案，从而向他们推送个性化广告。然而，谷歌和它的同行们从未征得用户或政府的同意，它们只是在默不作声地做这件事。在它们的行为终于广为人知时，这一个人信息获取机制早已生根发芽。此时，政府部门并没有动力规范这种数字经济，因为政府认识到，他们可以直接复制私人公司收集的数据，用于自己的目的。在2001年"9·11"事件发生后，政府对个人数据的渴求激增。出于国家安全的考虑，他们希望尽可能多地搜寻每个人的信息。

今天，只需轻轻点击几下鼠标，商业公司和政府就可以轻而易举地获取每个人的海量个人数据。几乎每个人都在口袋里装着一个"间谍"，它就是我们熟知的智能手机。使用数字科技的人会被获取的日常个人信息，包括定位信息、通讯录、通信数据（例如：呼叫了什么人，向谁发送了信息，什么时间，什么地点，持续了多长时间等）、购买记录、浏览记录和生物识别信息（例如：面部特征，指纹）。这些数据十分敏感。拥有这些数据，别人就可以推断出你住在哪里，你的工作地点在哪里，你的伴侣是谁，你是否堕过胎，你是否吸毒，你是否去教堂，你有哪些疾病，你的购买力多强，你的政治信仰是什么，以及更多信息。如果警方开始怀疑某一个人是罪犯，他们可以立即调查其多年的个人信息，并从中搜寻潜在的犯罪行为。他们常常能够以一种断章取义的方式，在你过去的言行举止中搜寻到任何可疑的或反社会的蛛丝马迹。如果用人单位从数据分析公司（专门收集个人信息转卖给其他企业的公司）那里购买了你的个人资料，那么它就能以宗教信仰、政治观点、健康状况等各种理由歧视你，但你永远不知道其中的内幕。

一个没有隐私的未来

你的智能手表振动了几下。这是你该起床的时间。你的智能管家对你说："早上好，我注意到你昨晚睡觉时心率有点快。或许，你需要加强锻炼。新的一天不妨就从跑步锻炼开始吧。"

你实在不想去跑步，因为你十分疲倦，稍微有点头痛。并且，你更愿意读报纸。但是拒绝智能管家的建议意味着你的健康保险账号里的积分会被扣除，这将会使你的保险费变得更贵。这一信息将被同时卖给你的人寿保险公司、你的雇主、你的银行、你的政府，以及其他团体。被扣除一分就有可能导致你被扣工资或失去贷款的机会。因此，你必须去跑步。

你在跑步时感到恶心反胃。你希望你能绕过智能手表的监测，停下来休息片刻。今天又是感觉需要请病假不去上班的一天，但你不会这么做。因为这么做会自动触发急诊预约，只会让你的头疼更加严重。多余的检查无益于减轻你的压力。你明白你需要的只是一段放松的时间，但是你只能继续全副武装。

回到家，你的智能管家建议你早饭吃一点麦片粥。你已经吃腻了麦片粥。显然，燕麦有助于降低胆固醇，而拒绝这种健康饮食的后果就是损失健康保险账户中的积分。所以，你还是吃下了这碗粥。

你打开了你的笔记本电脑。多年来，你虽然一直以这种固定的方式工作着，但是你依旧记不住你做的所有工作已经保存在电脑上并发送给了上司。你不能停下手头的工作，休息一会儿编辑一下私人短信或者看一会儿新闻，这给你带来了很大的压力。工作软件（在过去被称为间谍软件）实时监测你的注意力，每小时的打字频率，以及其他事情。它与你的智能管家相连。每当你松懈的时候，它都会督促你继续工作。"你好像分心了。"你的智能管家说道。你的智能管家十分严苛。如果上厕所次数过多，你将无法完成它布置的每日任务。讽刺的是，你的工作效率反而没有以前高了。你编写的文字可能在篇幅上变长了，但是在质量上变差了。大部分文稿都是废话连篇。

一天的工作终于结束了，你躺在沙发上休息。你仍在头疼。你打开手机翻看，不知不觉中，你打字、点击和滚屏的方式已经被机器学习算法分析了一遍，可以用于推断你的情绪状态和认知能力。这种单调的细节（比如滑动鼠标的速度过慢）可以显示你是否患有抑郁症、记忆力障碍、注意力障碍，等等，知道这些反而会加深你的焦虑。即使你知道这个算法蠢得无可救药，但你的上司会全盘按照算法说的做。

一封邮件警告到：你的银行账户遭到了黑客攻击。又一次发生这种事了。你想知道这次要花多长时间，多少钱解决这个问题。但是你现在无法处理，所以你决定出去散一会儿步。

你清楚地记得那些可以隐秘地探索这个城市的日子。你可以不用被无时无刻地监测、注视、分析，去任何你想去的地方闲庭信步。你可以迷失在陌生的街区，随意探索街角的咖啡馆。时过境迁，这些事变得极具风险。无人机和卫星在上方监视着你。面部和步态识别系统可在你经过每个闭路电视摄像头时识别你的身份。如果你去了一个治安糟糕的街区，你有可能被判定为可疑人员，你的社会信用积分可能会被扣减。如果你正好临近一群示威者，你可能会被加入黑名单。你已经有二三十年不再抗议任何事了，不是因为心中没有不平，而是不想惹麻烦。这次，你觉得最好待在安全的游览区。

　　你路过一个书店。你无比怀念能在书店自由地浏览群书的日子，那时你会购买和阅读与政治、性、爱情、健康相关的书籍。但你现在再也不会这么做了。因为这过于暴露你的个人隐私。有传言称，时不时会冒出一些地下书店，里面一个摄像头都没有，人们不允许携带电子设备。他们以物易物，不使用电子支付。但是，仅仅只是摘掉智能手表就足以使你陷入麻烦。你不想引起情报部门或是其他调查机构的注意。自从新冠肺炎疫情暴发以来，相关规定强制人们时刻佩戴智能手表。你的智能手表时刻监测着你的心率、体温和皮肤导电性（以测试你是否在出汗）等各种体征。该措施旨在预防疫情的扩散。真希望这些数据仅用于此目的。

　　你希望能够咨询律师一些与个人信息的某些用途相关的问题。你不能确定这些用途是否合法，但你知道接触律师本就是一件危险的事。预设律师和其他所有人一样都被监听十分合乎常理。

　　你回到家，打开电视，收看新闻。首相正在鼓吹本国的经济如何做到独步世界，他的执政如何让这个国家再度富强。你尽量不做出明显的面部表情。情绪监控公司通过智能电视上的摄像头监测并分析你的情绪，并与政府机构分享这些数据。政府和公司都坚称情绪监控是服务于"民主"的。

政府声称，他们可以通过你的个人数据推断出你的政治观点，所以就没有必要再进行选举投票了。他们说，此举将广大民众从投票的负担中解脱出来。但是你无比怀念投票。你不信任算法推算出的结果，特别是因为现在你所接触到的很多媒体十分个体化。他们为你量身定制个性化的推送，然后再用这些内容揣测你对公共问题的看法。这是否是一种恶性循环？

你为那些从未有过投票机会的年轻人感到悲哀。在一定程度上，民主是一种传统，一种由前辈传授予你的技能。你十分担心这种传统走向衰亡。为什么一切都发生了翻天覆地的变化？

隐私、自由和民主

有人可能会批评我描绘了一幅过于暗淡的画面：当然，使用个人数据不一定会导致民主和自由遭到侵蚀。难道我们就不可以在不干预自由的前提下，用大数据预防疾病传播，发展个性化医疗服务，更好地满足我们的世俗欲望吗？或许可以吧，但前提是我们必须规范数字经济的发展。

那么我们应该采取何种保护措施，避免我所描述的未来成真？首先，我们应该禁止过度个性化的内容。如果那些政客割裂了整个社群，那么信息鸿沟就能动摇民主的根基。为了使所有公民都能及时获取信息，我们需要确保所有人都能得到相同的信息。这样一来，记者、学者，以及普通民众可以核查真相并对其进行批评，从而迫使政客在行动上与其立场保持一致，而不是向不同群体兜售不同的信息。

为了避免歧视和个人数据的不公正使用，我们应要求收集和分析个人数据的人承担相关的信托责任，要求他们将数据所有人的利益放在第一位。我们的私人数据绝不能被用于侵害我们权益的行为。就像医生只能在她的职务范围内尽其所能地帮助患者一样，处理个人数据的相关人员只能将这些数据用在造福大众的事情上。如果你的智能手表监测你的心率，那么这个数据就不能被卖给你的雇主，或者是不将保护你的核心权益视为主要工作目标的数据分析公司。

为了进一步激励人们正确地使用个人数据，我们需要禁止个人数据的私自交易。你是谁，你从事何种工作，以及你的弱点是什么等个人隐私应禁止被倒卖。那些购买这些数据的人利用人类的脆弱面为自己牟利。如果收集个人数据是有利可图的，那么在利益的刺激下，数据商将会收集远超必需量的数据，并将其卖给想买的人。数据商甚至会将个人数据卖给诈骗分子。如果我们彻底禁止个人数据交易，我们就能有效抑制利用个人数据牟利的不法现象。

设想一下，如果我们做出一些调整，例如禁止推算一些敏感信息（比如根据一个人的音乐偏好推算他的性取向），整个世界会变得更美好：民主和自由繁荣发展，个人数据仅被用于科学技术的发展。

我提倡的为了保卫民主自由而应采取的限制措施，其实也是为了捍卫个人隐私而应采取的措施。我们不可能在未实现后者的前提下实现前者。

我们需要隐私权来捍卫个人自主权。当他人对我们过于了解时，他们就有可能对我们的信念和行为横加干涉。举例来说，赌场可能会利用广告精准地吸引赌客。这绝对利好赌场，但是这可能会使赌客倾家荡产。有了隐私权，我们才能匿名抗议，我们才能不记名投票，我们才能私下与医生、律师、记者接触，我们才能阅读所有我们感兴趣的内容。这些和其他事情一起构成了民主自由的基石。

选择自己的冒险旅程

目前，隐私权正处于一场激烈争斗的风暴中心。一方面，谷歌、脸书，以及其他数据商巨头正在尽可能地挖掘和分析个人数据。他们游说世界各地的政府，并试图让这些政府依赖他们。如今，越来越多的数据分析工作被外包给像Palantir这样的公司①。该公司与英国和美国的公共机构存在合作关系。情报机构和公共卫生部门辩称，他们需要足够多的数据来保证公众的健康安全。另一方面，对于现代科技巨头的抵制潮——来自消费者、人权组织、隐私专家、一些商业公司，以及像《欧洲通用数据保护条例》（*Europe's General Data Protection Regulation, GDPR*）和《加利福尼亚州消费者隐私法》（*California's Consumer Privacy Act*）等新法规——的出现，代表促使政府和大型公司尊重个人隐私的力量已经出现。对未来道路的选择权在公民手中。我们可以使用和分析个人数据。但是，为了防止数据被滥用，我们也要保护隐私权，这有助于捍卫个人自主与民主自由。

---

① Palantir 是一家美国软件和服务公司，总部位于丹佛，以大数据分析而闻名，主要客户为政府机构和金融机构。——编者注

第23章　劝诱技术会让人类失去自我吗

詹姆斯·威廉姆斯（James Williams）

想象一下，我们已身处21世纪中叶，人类研发出了有史以来最具真实感的沉浸式虚拟现实劝诱技术。该技术成功改变了人类的传统经验。

这一切都源于一名曾经是神经学家的异想天开的发明家。他面向全世界推出了自己研制的机器——"眼镜"（Spectacles）的初代机。它是一种非侵入性的神经接口，能够与使用者的视听观感同步，并模拟其中的内容。戴着它就像戴着一副没有镜框和镜片的眼镜，但你能够体验到最逼真的现实增强音效与虚拟视觉画面。该设备的核心技术创新因其简易性和低廉的开发成本，很快就被认为能够改变整个世界。不到一年，介绍该技术的论文《影响人类感知的全新方法》（*A Novel Method for Manipulating Human Perception*）成为被引用次数最多的文献。

很难向不熟悉"眼镜"的人介绍使用它带来的体验。如果你是能回忆起（实体）影院观影体验的那一代人，你可能还记得在走出影院后，影片仍在脑海中回放的感觉：在影片结束后的几分钟内，你将动作英雄、侦探，或是其他角色的身影和动作带入了现实世界中，直至它像身后越来越小的警笛声一样逐渐消失。想象一下，有一种与之相同的体验：你能将世上所有可描述之物尽收于脑海中。你若不将"眼镜"关掉，这些画面和声音将永远真实存在于你的视觉和听觉感官中。

"眼镜"对人类生活及社会的影响十分深远。在该设备的公测期间，少数有幸试戴"眼镜"的人遭到了嫉恨和围攻。许多人虽然没有"眼镜"，但他们假装自己有一副。比如，在上班路上，有许多人表现得好像在和不存在的物体搏斗。迷迷瞪瞪、魂不守舍瞬间变得酷炫了起来，白日梦游在一夜之间变成了身份地位的象征。

"眼镜"的第一版在被正式推出后就迅速地走进了千家万户。如今，仅仅在初代"眼镜"正式问世的两年后，已有83%的成年人在醒着的大部分时间里享受这种受控制的海量虚拟体验，"眼镜"3.0版问世后，人们的梦境也受到了控制。各种奇思妙想已深植人们的脑海，原先那些疯狂的梦想因而成为我们现实生活中的日常。我们很难知道，也很难去留意，"眼镜"所构建的虚拟世界的尽头在何方，现实世界的起点又在何方。现在，物理环境承载着像投影仪幕布一样的基础功能，最佳的使用位置是空白平坦的表面，以便于将现实环境与"眼镜"营造的虚拟体验之间的冲突降至最小。"眼镜"的问世催生出了一个全新的创作者生态系统，像行为体验设计师、首席人生旅途量化分析师和神经性叙事体验总监等新型职业大量涌现。

具体地点变得不再那么重要了。当任何人和事物都能立刻出现在我们面前时，"家"和"工作"这样的概念就失去了意义。如果这些地点的本质是在特定种类的环境下与特定的人在一起，而你又可以在任何地点召唤这些人和环境，那么这样的地点可以无处不在（或者说不存在）。

有人甚至用"眼镜"与逝者对话。当然，不是字面意义上的那种实际"对话"，而是算法构建的"对话"。在他们的生活中，他们会与其已故家人和朋友的"人工仿品"进行对话交流。这些"人工仿品"早已学习了那些家人和朋友生前所留下的音频、影像、照片、文字和动作记录等所有电子语料。这十分像罗马人的一种习俗：每家每户都把先祖的面部模型挂在墙上，并用丝线勾连出他们的关系。人们并不讲述先祖们的故事，而是与先祖们一起喝咖啡，并向他们征求各种问题的建议。

　　人与人之间的边界感既在加深，也在减弱。人们的举止变得越来越夸张，因为吸引他人的注意变得越来越困难，除非花钱把"建议性体验"放在他人的意识中。然而，这种向他人展示自我的社会需求不断激增，而"眼镜"带来的持续性刺激使得我们冷静平和下来反思自我的机会不断减少，这两者之间产生了尴尬的冲突。

　　虽然社会上出现了对"眼镜"的抵触声音，但后来都湮没无闻了。一些宗教团体谴责其为"野兽的标志"。还有一些自称"认知自由论者"的组织中的骨干成员也反对"眼镜"。他们反对运用该设备进行政治经济方面的操纵，并强烈要求"没有代表民意，就不要操纵"。虽然大多数新型民主国家将"眼镜"作为下一代的投票机，但是基于对知识产权的保护，该公司的民主保护团队所使用的代码和决策程序仍未公开。不管怎样，该公司坚称"眼镜"的运行高度自动化，其大部分算法都是全新的，从未有人见过，受到外部控制既是不可能的，也是不受欢迎的，因为向这些机器输入人类偏见会有损系统的中立。相当一部分"认知自由论者"拒绝这一逻辑，支持采取更极端的方式抵抗，他们脱离原组织，新成立了"注意力反叛者运动"组织。但是该组织很快土崩瓦解，最终以一个松散的非正式地下团伙的形式苟延残喘。然而，这些批评以及其他针对"眼镜"的批评声最终都销声匿迹了，因为这些声音都被"眼镜"的"安全过滤器"消音了。

"眼镜"大获成功的一个关键因素是公司推出"眼镜"第一版时采用的策略：公关团队的措辞设计有效规避了许多潜在的道德谴责。这一策略由"眼镜"的发明者和他在布鲁姆公司（Bloom, Inc.）的团队策划，他们对21世纪初数字科技公司遭受的所谓"技术鞭挞"进行了详细的研究，并且受到了这类研究的启发提出规避道德谴责的策略。因此，等到被正式推出时，"眼镜"已经得到了最有名的意见领袖和公共领域哲学家的认可。他们都盛赞它为史上最有心的关于"认识你自己"的算式表达。

这一策略能够成功的关键在于：布鲁姆公司在"眼镜"被首次推向市场时就紧紧抓住"健全"这一宣传符号。在一代机的公共发布会上，该公司的首席产品设计师走上了舞台，用了一句现在家喻户晓的话开始了他的演讲："我们通过维护环境的健全来保障我们自己的健全。"他最后用一首押韵四行诗结束了演讲，展示了神秘且高明的制造话题能力，这首诗经过巧妙设计，成了多个自助播客剧集、话语期刊论文和商学院案例研究的主题。

　　"眼镜"的未公开的设计理念是：我们将注意力聚焦在值得注意的东西上。这也就是问题的核心。这种理念的错误很少受到质疑和讨论。更重要的是，即使在那些倾向于批判"眼镜"的人看来，这种理念错误与布鲁姆公司的劝诱型商业模式之间的直接冲突也并不明显。使用者的目的（是否达成）被当作了劝诱技术是否成功的衡量标准。否则，为什么一个男人会在上班途中突然停下脚步，与好时派（Old Spice）赞助开发的跟欧内斯特·海明威（Ernest Hemingway）相似的虚拟人物打了将近半小时的拳击呢，如果他一开始并没有想这么做的话？

　　通过允许任何人把所谓的"建议性体验"加入他人的感知流中，"眼镜"迅速实现商业化，为其研发公司布鲁姆公司带来了巨额利润，使其成为世界上最值钱的公司。在更早的时期，这些东西被称为广告。尽管现如今，其构成因素已经无所不包，可采用任意一种劝诱手段，通过劝诱帮助其雇主达到任何目的。整个环境都洋溢着令人信服的气息，而这其实只是另一种劝诱手段。当然，某种程度上的透明度是有必要的：每当有"建议性体验"出现在你的"眼镜"网络中时，你都能看见一个小小的黑白笑脸图标。这表明该信息是赞助商投放的。当然，他们也不能强行进入你的"眼镜"网络中：你至少能在相对知情的情况下决定是否播放他们所推送的内容（除非你开启了自动播放）。但是在现实中，没有人会停下手头的事并确认收到的每一个"小笑脸"。谁会有做这种事情的时间？大多数人就在头脑中一次性地对所有的提示展现笑脸，以免再有问询弹窗出现，这样他们就可以做自己的事了。此外，如果你想逐条琢磨收到的每一条消息，那么商家只需在你最容易接受消息的时候锁定你。借助"最佳时刻"的锁定功能，推送系统能够轻松完成这一任务。

"眼镜"就是通过这种方式霸占了人们的注意力，成了未来人类生活和文化的主流平台和史上最具影响力的工具。我们无法回到过去，阻止这一切的发生。我并不是反对新技术的顽固分子，我只是觉得我们可以吸取教训，从而在下一次重大技术变革出现之时做好准备。

以上观点在很大程度上是对当今世界已知技术与文化的发展趋势的推断。我曾试图去了解一些虚拟技术的细节，以跳脱出对劝诱技术设计特点的关注，并以一种更开阔的视野描绘人类社会的技术现象。"眼镜"代表了我们熟知的一系列发展趋势：以主导我们的体验和深入我们内心为目的的操纵；巧妙营销策略的偏差；装置范式对我们身体的入侵；通常基于社会信号，而非工具主义和其他因素的技术采纳方式；涉及社会地位和其他利己主义动机的诉求；强调其产品或服务能使受众的行为和思想水平异于常人以吸引受众注意力的营销模式。劝诱技术在很大程度上是我们当今媒体环境的先进复合版。就像散文家，小说家玛丽莲·罗宾逊（Marilynne Robinson）说的那样："它的受众是我们的神经系统，并非我们的思想。"

从这些例子看，"眼镜"这一案例既引发了我们对于未来可能出现的有关伦理问题的新思考，也为我们处理今天的伦理问题提供了有益的启示。这种性质的技术——能够对人们的体验产生如此全方位影响的技术，自然能够涉及几乎所有可以被想到的伦理问题。也许在现在这个时代，和"眼镜"相似的东西就是互联网。然而，我们可以在两种伦理问题之间做出有效的高层次区分：一种与系统内容有关，一种与系统形式有关。

当这种"眼镜"被大众所广泛使用时，人们一定会热烈讨论应该批准人们拥有哪些类型的体验，应该允许人们玩哪些虚拟游戏，应该如何保护儿童远离各种危险，应该让人们的哪些精彩体验向他人默许公开，以及是否应该让人们在未经许可的情况下通过算法对他人进行模仿，等等。这些都与系统内容的问题相关。

与系统形式相关的问题如下：系统的基本设计目的是什么，其最终的设计目的是否与用户的目的一致，如何检验其既定的设计目标，设计中的系统性激励手段（例如商业模式）究竟是增强了还是削弱了其设计功能，该装置到底是增强了还是削弱了用户的自主权，等等。

许多最紧迫的伦理问题涉及这种劝诱技术的形式，而非内容，这种技术与影响力（如说服、胁迫、操纵）的机制有关，它们对用户自由或自主性的影响尤其重要。

思想的自由

思想的自由是自主性的核心。《世界人权宣言》的第18条规定，这是一项基本自由。在《论自由》（*On Liberty*）一书中，约翰·斯图尔特·密尔（John Stuart Mill）写道："'人类自由的适当范围'首先包括意识的内在范畴，这其中包括'思想和感受的自由'，然后包括对所有主题（无论实际的，还是推测的）抒发意见和感情的绝对自由。"在越来越多强大劝诱技术飞速发展的情况下，一个完善思想自由理论的好机会出现了，人们借此能够更好地维护思想自由。注意力方面的观念也需要类似的进步，尤其需要开发更好的、用于评价注意力的方法。例如，想象一下，在你想买东西时，"眼镜"为你提供了三种选择，但是它用特定的次序为它们排序，用不同的语音分别描述它们，并配上不同的背景音乐。这样，你就有95%的概率购买它想让你购买的商品。如果这的确侵犯了你自主选择的自由，那么它是如何做到的呢？在何种情况下，劝诱会演变成不可接受的操控呢？

采纳技术的原因

任何劝诱手段成功的第一步都是说服用户开始使用它推荐的技术。决定是否采纳技术的时刻是一个关键节点，在这时，人们可以更容易地询问有关技术的用途和设定等问题。通常来说，人们采用一种技术往往会考虑其新颖性、社会价值，或其他异于其所述设计目标的原因。就"眼镜"而言，它最初象征着社会地位，这是其价值所在。类似这样的采用某种技术的理由未必会在伦理上令人反感，但它们可以使一个人在决策过程中减少思考的可能性，不去追问该技术究竟能带来什么。然而，因为联网效应和沉没成本的逻辑，人们在采用这些技术后再停用可能会大幅度提升认知上的成本，因此在一开始时采用技术前考虑这些问题会容易许多。就"眼镜"而言，这意味着需要在它面世之初就严格评估其研发生产的原因，以及其发布后带来的一系列深刻影响，而不是等它已经融入用户的日常生活后再考虑这些问题。

对劝诱设计目标的认识和验证

当一个劝诱体系模糊或歪曲了一个人思考和行为的目标时，后者的自主性就会受到损害。同理，当用户无法合理地验证某个系统标明的设计目标时，其自主性也会受到损害。例如，如果用户缺乏对于设计优化的度量或信号的充分了解，就无法验证系统的既定设计目标。在"眼镜"的案例中，其宣称的设计目标是"健全"，但是没有任何人解释设计师是怎么理解"健全"的含义的，应如何判定和计算"健全"的程度等问题。当一种劝诱技术声称它为你的生活做出了一些实事时，你应该要求它向你证明这一切，并得到一个清晰、有意义，而且真实的答案。如果"眼镜"真的能为用户提供一条从任一给定设计元素到系统的高层次劝诱目标之间的可视连线，那么它就有更高的可信度，用户也会更容易相信这一系统能够为他们生活的各种决策中提供指导。

系统目标和用户目标的一致性

当劝诱技术的设计目标和用户目标不相符时，它就具有了对抗性，不值得被用户信任。为了确保系统目标和用户目标是一致的，系统需要以某种方式了解用户的目标。根据劝诱技术的特点，系统可以通过以下方式进行了解用户需求：先询问用户使用该项技术的原因，然后持续地和他们讨论其偏好，或捕捉透露他们意图的信号，从而推测出用户的目标，这些目标可以在日后与他们进行详细确认。例如，"眼镜"的高阶目标就是尽可能地最大化用户的"佩戴时间"（用户一天使用"眼镜"的时间占比），或者让他们尽可能地参与付费体验，而不是一直体验免费内容。然而用户的本周目标可能是读完一本哲学书，或是开始学习Python（爬虫）编程。

对受众施加影响所涉及的话术

当需要对各种对受众施加影响的方式进行理解和伦理评估时，我们的语言和概念资料库就显得严重不足。目前，我们在这方面使用的术语十分零散，包括说服、操控、胁迫、

"鼓动"、洗脑，以及其他无数个边界不明的词汇。我们迫切需要一个系统来理清我们的语言，以便能清楚解释各种不同的施加影响的方式。如果我们要更清楚地分析非理性施加影响方式的伦理维度，这些明确清晰的区分就显得特别重要。我们已经相信治疗师、教练、艺术家和在我们生活中扮演其他角色的人会用非理性的方式影响我们的生活，以寻求一个更好的结果。那我们在技术环境中发展类似的语言和理解方式有何不可呢？

非理性施加影响方式/劝诱的伦理

在过去的半个世纪中，心理学家在人们的决策中发现了大量的非理性偏见。数字技术经常利用这些认知偏见达到劝诱目的。然而，关于这种非理性施加影响方式的伦理问题，却鲜有明确的说法。非理性劝诱在什么时候会对一个人的自主选择能力产生不利的影响？利用某些偏见所引发的伦理问题是否比利用其他偏见所带来的伦理问题更大？当一项技术试图通过非理性手段劝诱用户时，我们希望用户意识到这一点的意愿有多大？就像人们保护社会弱势群体免受不正当剥削一样，我们的认知中是否存在需要特殊保护的脆弱部分？

对用户反思的加强或阻挠

在偏好、价值观和意志等方面的发展中，反思是自主性的一个重要组成部分。如果劝诱技术针对用户参与度进行了优化，然后为用户提供了该技术自认为最有趣的感官刺激，源源不断，那么它就有可能挤占了反思的空间，从而使用户丧失了自主性。相反，劝诱技术也可以提升一个人的反思能力。例如，在恰当的时间问一个有用的问题，这有利于用户对自己的思想和行为做出更具有批判性的反思。一个鼓励这种反思的系统刺激的是我们的思想，而不仅仅是我们的神经系统（把前面玛里琳·鲁宾逊的话反过来说）。

虽然"眼镜"是笔者虚拟的电子产品，但是它的劝诱设计元素已经出现在我们的生活中。其带来的伦理挑战的严峻程度也已显而易见。在把它们戴在我们头上之前，我们最好先在头脑中想清楚它们带来的问题。

第24章　人们为何相信阴谋论

史蒂夫·克拉克（Steve Clarke）

如今，毫无根据的阴谋论大行其道，令人十分不安。根据2006年的一项民意调查，36%的受访者表示，他们相信"联邦政府官员参与了袭击世贸中心"或"他们没有采取行动阻止恐怖袭击"的说法。一项2013年的民调显示，20%的受访者相信儿童接种疫苗和自闭症之间存在关联的阴谋论。这令公共卫生学家们十分担忧。有27名公共卫生学家在著名医学杂志《柳叶刀》（*The Lancet*）上发表了一封公开信，谴责这些言论。我们要留心毫无依据的阴谋论的大面积流行，以及它们在社交媒体时代的迅速传播。

在此，我将试图回答一个现实问题：政府应该做些什么来减少人们相信这些无稽之谈的可能？他们会采用何种短期和长期策略？不过，在我开始解释之前，我需要解决这一话题中存在的一些问题。一是我们无法准确定义什么可以被称之为阴谋论。二是有人认为相信这些毫无根据的阴谋论无伤大雅。如果这些阴谋论的传播不存在危害，那为何政府要尽量阻止它们的传播呢？三是在明知某些利益团体会利用阴谋论操纵舆论的情况下，我们应不应该支持打压毫无依据的阴谋论。

三个担忧

何为阴谋论？

引用布莱恩·基利（Brian Keeley）对阴谋论的定义：认为一个秘密行动的小群体（阴谋家）与一些历史事件有重要的因果关系。该定义涵盖了我们一般意义中的"阴谋论"的关键特征。一个标准的阴谋论一定会假设该事件与一小群人之间存在联系，因为人们很难将一起行动的一大批人和阴谋家联系起来。阴谋家一定是秘密行动的，因为如果这一小撮人为了实现特定目的而公开行动，他们就不会被认作阴谋家了。

基利的定义存在一个问题，它显著地偏离了该词的通常用法。在通常情况下，在一个阴谋论获得了官方背书后，它就不再被视为阴谋论，但是基利的理论仍将其视为阴谋论。如今，人们普遍认为，"基地组织"（Al Qaeda）在2001年9月11日实施了劫机的密谋，并驾驶被劫持的飞机撞向世贸中心和五角大楼。然而，我们并不会将支持这一观点的普通人视为"阴谋论者"，尽管这符合基利的理论。一般情况下，我们会将阴谋论和"官方说辞"区分开来。不过，我还是坚持参照基利的定义，因为我更在意政府会采取什么措施来阻止阴谋论的传播，而不是官方是否参与散布了某些特定阴谋论，这是另外一个问题。

不幸的是，政府有时会在缺乏证据的情况下为阴谋论背书。这是我们的第一个担忧。下面就是一个典型的例子：小布什政府曾宣称他们指控伊拉克领导人萨达姆·侯赛因（Saddam Hussein）与"基地组织"一同密谋了"9·11"事件。像迪克·切尼（Dick Cheney）和卡尔·罗夫（Karl Rove）这样的布什政府核心要员自己可能都不会相信这一指控。即使他们相信了，他们也很清楚这是一项缺少证据支撑的指控。他们公开发表这项指控并不是因为它看起来证据确凿，而是因为他们明白让大部分美国民众接受这一套说辞有助于让他们支持美国政府在2003年入侵伊拉克。

那么阴谋论有害吗？表面上，大部分民间的小道消息似乎没有任何危害。政府没有理由在意这样一些传言，诸如埃尔维斯·普雷斯利（Elvis Presley）假死，或披头士乐队（the Beatles）成员保罗·麦卡特尼（Paul McCartney）在死于车祸后被一个相貌相似的人秘密地替代。这些奇特的社会传言更具有娱乐性，并不具有危险性。

但是，有些阴谋论更令人感到担忧。回溯过去，"萨达姆·侯赛因与'基地组织'一同密谋了'9·11'事件"这一毫无证据支撑的阴谋论，显然对美国人和伊拉克人都是贻害无穷的，因为它引发的战争同时伤害了两国人民。

而且，政治阴谋论的传播是极其有害的。有传言称美国联邦部门在2001年参与了针对世贸中心的袭击，或是他们在袭击发生之前已经得到了预警，但放任恐怖分子最终发动了袭击。这类说法是有害的，因为它们损害了民众对政府的信任。但是，如果阴谋论者成功揭露了真实存在的政治阴谋，我们就需要权衡其自身的危害性和其为社会带来的利益。例如，阴谋论者就曾成功披露了尼克松政府成员在民主党全国委员会下榻的水门酒店秘密安装了窃听器。阴谋论者对真实存在的政治阴谋的披露，能够推动政府透明度的提升和问责制的改进。由此可得，如果我们不支持政府采取措施降低政治阴谋论的可信度，我们的社会将会变得更好——政府常常会以打击政治谣言为由掩盖他们所参与的阴谋。这是我们的第二个担忧。

但是，这并不意味着政府应该放弃打击所有阴谋论。

在我们能够精准识别它们，并且政府没有什么动机向我们隐瞒什么的情况下，我们应该鼓励政府打击那些有害的无稽之谈。其中一类是有关政府卫生计划的效果和目的的阴谋论。那些声称艾滋病是一场针对美国黑人的阴谋的言论使得人们对艾滋病的了解愈发不足，也让医护人员在美国黑人群体中推广艾滋病预防的工作越发困难。如果大部人相信接种疫苗可以使政府得以预测人们接种疫苗的意图，那么这些人及其子女就会暴露在本可预防的疾病的威胁中。在有关寨卡病毒的阴谋论中，有人宣称是制药公司制造出了这种病毒，为它们销售药物和疫苗创造条件，这使美国公共卫生部门难以在迈阿密等疫区执行灭蚊计划。公共卫生领域内的一系列毫无依据的阴谋论已经导致了一系列危害。很显然，政府应该竭尽所能降低这些阴谋论的接受度。

我们的第三个担忧是：某些政府有时会基于自身利益的考虑去宣传阴谋论，即使这会伤害到它所代表的人民。同样，政府官员有时也未能就一些无稽之谈发表驳斥意见。例如，在2015年，得克萨斯州的一个脱口秀主持人亚历克丝·琼斯（Alex Jones）爆料：美军正计划接管得克萨斯州，解除民众武装，并监禁其州领导人。州长格雷格·阿博特（Greg Abbott）意识到这一阴谋论的传播非常利好其选举形势，所以他并未采取有效行动阻止这一阴谋论传播。事实上，他还责成得克萨斯州警卫队监视在该州进行军事训练的美军，以提升这一传言的可信度。

因此，我们不能只依靠政府打击毫无依据的阴谋论，以阻止其在人群中扩散。我们也不能因为政府有时候会做错事而不再敦促他们做他们该做的正事。另外，在发生公共卫生危机时，在政府卫生项目的有效性和目的方面欺骗民众并不符合政府的长期利益。这种企图欺骗民众的行为会危及民众的生命健康安全，从而降低该政府的连任支持率，这与政府的初衷是背道而驰的。

短期策略

在打击公共卫生领域内毫无依据的阴谋论的行动中，政府可以发表官方声明对其进行反驳。这是第一种短期策略。这种策略存在一些问题：一是一些民众可能至今都没有听说过这些阴谋论，恰恰是官方的反驳让他们知道了这些传言，而且他们通常更倾向于相信这些传言。二是在那些已经听说了这些传言的民众看来，政府的驳斥只会让这些阴谋论更加可信。在中立的民众眼中，如果一个传言需要被澄清，那么它本身就能反映一些问题。三是一旦人们认同了阴谋论以及与之相关的一系列理念，那些接受阴谋论的群体就可能直接忽视那些辩驳声。的确，一些阴谋论者确实会接受官方澄清，但是总体来说，该策略的效果有限。

第二种短期策略——"认知渗透"，由森斯坦（Sunstein）和维梅尔（Vermeule）提出，这一策略存在一定的争议。该策略建议政府雇用网军秘密潜入散布阴谋论的网络和团体中，扮成他们的成员，从而在其中宣扬"认知多样性"的理念。这样做可能需要卧底们对阴谋论的前提条件、逻辑结构，以及它们对政治行动的影响提出质疑。所以，有人担心这一策略会是竹篮打水一场空。正如我们所见，无论提出异议的人是否是其组织中的同伴，那些对某一特定观点深信不疑，并对持有该观点的组织或网络产生极强归属感的人都会忽视这些辩驳。他们还担心认知渗透会产生反作用。如果被渗透的网络和团体发现了这些异常，而他们所信奉的阴谋论又像很多类似阴谋论一样，正好包括关于政府是否参与了某种阴谋的猜测，那么这些组织的成员就会将政府的认知渗透行动视作其参与某种阴谋的又一力证。

第三种短期策略是尝试预测阴谋论的扩散，并在初期对其采取打击措施。实践这一策略的一种方法是在发现有话题今后可能演变成阴谋论后，及时发布真实可靠的相关信息。在人们相信某些阴谋论之前，向他们及时传递（正确的）反驳信息是有效的。从一开始就避免让人们相信一些事情比劝说他们放弃自己深信不疑的事情要容易得多。

　　然而，这一策略有两种局限性。一是在互联网和社交媒体迅速发展的今天，阴谋论的传播速度极快。和事件起因相关的阴谋论往往在事情发生后不久就会出现并向四周蔓延。所以我们不可能在阴谋论大肆传播前就预测到它们，并做出相应的回应。

　　二是我们很难预测阴谋论的具体内容。比如，1966年，澳大利亚总理哈罗德·霍尔特（Harold Holt）独自一人在汹涌的波涛中游泳时离奇死亡，当时并没有目击证人在场。虽然我们可以预料到一定会有和其死亡相关的阴谋论产生，但是我们很难确定哪些传言会产生深刻影响——哪一种传言都有可能。有的传言可能声称霍尔特是被某个犯罪集团、极端团体或政府机构派出的凶手暗杀的，这种传言可能占据上风。也有可能是认为他出于各种原因假死的阴谋论最被认可。但是，谁能想到，最后是宣称霍尔特被一艘潜艇秘密接走并转移到外国的阴谋论变得很有影响力呢？

长期策略

我刚刚分析了能够被政府用于打击毫无依据的阴谋论的三种短期策略（被学术文献探讨得最多的），每一种都有其局限性。所以，我们似乎应将注意力转移到长期策略上。第一，我们应该在学校教育和其他类型的公共教育中培养学生的逻辑推理能力。而学习逻辑推理有助于我们进行分析性思考。部分阴谋论的话术十分荒谬，但乍看上去很有说服力。有证据表明，当人们以一种更理性的方式思考时，他们就不太可能相信那些基于现实世界中人们的焦虑，看似很有说服力但违背逻辑或没有证据基础的阴谋论。例如，有20%的美国黑人相信美国政府制造了艾滋病毒，从而限制黑人的人口增长。这一说法并没有可靠的证据支撑，而且也忽略了艾滋病对其他族裔民众带来的巨大危害。

第二，我们应推动大众了解媒体及其运作的方式。许多毫无依据的阴谋论都控诉一些媒体故意串通起来，掩盖事情的真相。例如，有传言宣称1995年俄克拉荷马城爆炸案的真相与官方说法大相径庭；阴谋论者认为，正是美国政府机构实施了这场犯罪，旨在为扩大政府的执法权制造借口。有证据表明，民众对媒体产出信息的过程越熟悉，他们就越不可能相信这种论调。因为对媒体运作原理更加深入的了解能够让他们更准确地评估不同媒体信息来源的相对可靠性。而且，这样能让民众尽量免受（未经证实的）非主流信息来源——滋生阴谋论的温床——的误导。

第三，我们要让政府工作更透明，健全问责制度。如果政府的有些邪恶行动被其隐瞒，那么与之相关的阴谋论就有存在的理由。但是，如果政府官员被要求以一种透明负责的方式行事，他们就难以参与阴谋活动。因此，人们就越来越没有理由怀疑官员们参与了阴谋事件。

结论

我在这里介绍了一系列旨在打击毫无依据的阴谋论传播的短期策略和长期策略。在我看来，政府应尽力打击某些有害的无稽之谈，如与公共卫生相关的阴谋论。我还认为，学术文献中最常探讨的短期策略价值有限。我所分析的三种长期策略效果更加显著。不幸的是，我们所处的世界充斥着各种毫无依据的阴谋论，其中有许多被人们广泛接受。如果政府想大幅降低这些传言的接受率，他们就应采取措施提升人们的逻辑推理能力，并使他们增强对媒体的了解。他们还应提升政府工作的透明度，完善问责机制，这可能是最有效的一种策略。